cartas a um jovem psicólogo

Agradeço ainda à equipe da Artmed, que, com profissionalismo, respeito e entusiasmo, tornou este livro possível. Publicar nesta editora representa, para mim, um reencontro com a minha própria trajetória profissional. Que estas cartas alcancem agora os leitores para os quais foram escritas.

Apresentação

Em 2014, eu ainda morava no interior do Rio Grande do Sul, então aluno de Psicologia em uma pequena universidade privada da região. Lembro-me, como se fosse hoje, de quão raras eram as oportunidades de ouvir uma voz que extrapolasse as escolas teóricas ofertadas no curso — basicamente teorias psicodinâmicas e um pouco de behaviorismo. Em meio a uma das várias crises existenciais que atravessaram a graduação — que cresciam como espuma ao fogo das incertezas sobre o futuro financeiro da profissão e a efetividade das minhas intervenções —, passei a buscar outras respostas.

Foi mais ou menos em 2016 que encontrei, durante uma das minhas incursões, em algum canal da internet, uma entrevista de Jan Leonardi sobre prática baseada em evidências em psicologia — à época, um verdadeiro palavrão para mim. Apesar da resistência inicial, fruto da inocência de um jovem aluno de psicologia que foi ensinado a fechar os ouvidos para opiniões diferentes daquelas ensinadas nas escolas clássicas, resolvi dar a ele uma chance. Foi uma ótima decisão. Além de todo o novo aprendizado, o que me ficou daquela fala foi a paixão com que ele articulava os argumentos, arredondava o vernáculo e, salpicando-o de dados aqui e acolá, conduzia o ouvinte, como se quebrasse as objeções antes mesmo de surgirem, quase como se o tomasse pela mão, a uma jornada clara e didática para o entendimento do conteúdo. Vi nele um colega preocupado com a profissão e gentil o bastante para compartilhar seus aprendizados comigo.

Sem saber, Jan serviu de remédio para as minhas inquietações com a psicologia brasileira. Hoje, nove anos depois daquele primeiro vídeo, tenho o prazer de escrever a Apresentação de seu novo livro, e você, caro leitor, o deleite de ler um Jan mais velho, maduro e experiente, que deu à luz este primoroso conjunto de cartas que você tem em mãos. Agora, em vez de um vídeo gravado de improviso numa noite qualquer e jogado na internet — como aquele que assisti, nove anos atrás —, embora poderoso o bastante para aquietar muitas das minhas angústias, você tem diante de si uma sequência de cartas organizadas, pensadas e entregues como o relato de um viajante que retorna do futuro. Resta-me apenas a inveja de não ter tido acesso a este material no início da minha jornada.

Dispostas em quatro estações — Cuidado, responsabilidade e ciência; Fundamentos da prática clínica; Recursos; e Carreira —, as cartas desenham um mapa da profissão e oferecem ao leitor, seja ele estudante ou profissional experiente, uma bússola para orientá-lo na busca de seu Norte na profissão. Elas traçam os caminhos com maior probabilidade de êxito, mas também sinalizam aqueles que, embora atraentes no início, podem ser armadilhas ao final. Além disso, é possível notar, em cada carta, o aspecto carnal com que foi escrita: não se trata *apenas* de um acadêmico com doutorado em psicologia clínica pela Universidade de São Paulo (USP) ou de um clínico com décadas de experiência, mas de um ser humano que, antes de qualquer titulação ou *expertise*, repousa sobre medos, inquietações e expectativas, sobretudo quando o assunto é aquilo que há de mais importante na saúde: a esperança do paciente. Portanto, não espere encontrar aqui um acadêmico engomadinho proferindo platitudes e clichês, mas um amigo que escreve como se nos abraçasse, um narrador que, por vezes, parece sair das páginas e olhar em nossos olhos. Íntimo. Próximo. Real.

Ao longo das cartas, as lições são inúmeras e hierarquizá-las beira o impossível. Ainda assim, vale ressaltar algumas que não apenas evidenciam a honestidade intelectual do autor, mas também reforçam a imagem daquele colega zeloso que conheci há nove anos, numa entrevista qualquer na internet.

Logo nas primeiras cartas, percebemos que empatia sem método pode ser inócua — talvez até nociva. Embora o psicoterapeuta iniciante tenha fome de ajudar o paciente, apenas a intenção e o vínculo não são suficientes. Essa constatação nos prepara para um segundo ponto: a psicoterapia, ao contrário do que por muito tempo se pregou, pode produzir efeitos colaterais e causar dano, mesmo "sem querer". No entanto, o autor não deixa que a crítica ao sentimentalismo escorregue para a tecnocracia; ele nos lembra, com a mesma veemência, que o método desprovido de empatia degenera em crueldade. Dessa justaposição entre riscos opostos nasce a sobriedade que nos acompanha por toda a obra: valorizar um dos pilares — técnica ou relação humana — à custa do outro é abrir a porta para o fracasso clínico. Assim, o leitor não é conduzido a escolher lados, mas cortejado a manter em vista a tensão produtiva entre ciência e cuidado, que às vezes se entrelaçam e viram uma só coisa.

Também aprendemos que cuidar é, antes de tudo, evitar dano, respeitar a autonomia, produzir benefício e agir com justiça, princípios revisitados ao longo das cartas e temperados pela confissão de quem, em determinado momento, cogitou abandonar a clínica por achar que não beneficiava os pacientes. Anos depois, dominado o manejo e reconquistada a segurança, ele volta à cena armado de técnica e ética. É nesses momentos — quando o autor baixa os escudos e assume a própria vulnerabilidade — que o livro deixa de ser um manual para jovens psicólogos e se converte numa conversa íntima, entre colegas imperfeitos, sobre o ofício de aliviar o sofrimento humano.

À medida que mergulhamos nas páginas, também fica claro que estudar não é luxo, mas parte inseparável da ética profissional em psicologia. Essa exigência permanente faz da ignorância uma urticária que coça, revelando-nos que, quanto mais aprendemos, mais sentimos o incômodo do que falta saber. Para aliviar essa inquietação, Jan indica caminhos: ora de modo indireto, estimulando a autonomia do leitor; ora de forma direta, sublinhando a relevância desta ou daquela trilha de conteúdo.

Mas apesar da variedade de ensinamentos, este conjunto de cartas inevitavelmente lhe trará algum desconforto, caro leitor — em alguns, mais intenso; em outros, mais sutil. E que bom que seja assim, afinal, todo aprendizado verdadeiro exige, em alguma medida, o incômodo da revisão, o esforço de reajustar certezas e atualizar a forma como enxergamos o mundo. O autor, no entanto, não o abandona nesse processo. Com empatia, cuidou para que cada ideia estivesse bem amarrada, para que cada frase fosse a continuação da anterior e o solo fértil para a próxima, criando uma esteira lógica de compreensão do conteúdo, fazendo destas cartas um barco firme o bastante para atravessar, com segurança, águas possivelmente desconhecidas para você.

Leia cada carta como se tivesse sido escrita para você. Risque, anote, discorde quando for preciso — mas entregue-se de verdade. Envolva-se. Ao final, permita-se sentir o peso da responsabilidade que acompanha o título de "profissional da psicologia". Se, ao terminar a leitura, você perceber que a profissão exige mais do que imaginava — mais entrega, mais rigor, mais ética —, mas também vislumbrar um caminho sólido e possível para exercê-la com excelência, então Jan terá cumprido sua missão.

Eslen Delanogare
Psicólogo. Doutor em Neurociências
pela Universidade Federal de Santa Catarina

Sumário

Apresentação   ix
Eslen Delanogare

SEÇÃO 1   CUIDADO, RESPONSABILIDADE E CIÊNCIA

Carta 1   O amor de alguém   3

Carta 2   A ética do cuidado   7

Carta 3   Contra o teórico de estimação   11

Carta 4   Sobre intuição clínica e o terapeuta iluminado   15

Carta 5   Ciência?   19

Carta 6   Mas o paciente melhora...   23

Carta 7   O tripé   27

Carta 8   Resistência   33

SEÇÃO 2 FUNDAMENTOS DA PRÁTICA CLÍNICA

Carta 9   O que é ajudar, afinal?   41

Carta 10 Relação terapêutica   47

Carta 11 Começo, meio e fim   51

Carta 12 Diagnóstico   59

Carta 13 E quando não funciona?   63

Carta 14 Limites   69

Carta 15 Sobre o suicídio   73

SEÇÃO 3 RECURSOS

Carta 16 Livros   79

Carta 17 Conteúdo gratuito (e precioso)   89

Carta 18 Cursos e mais cursos   93

SEÇÃO 4 CARREIRA

Carta 19 O preço da sessão de terapia   99

Carta 20 Você na internet   103

          Despedida   109

Seção 1
Cuidado, responsabilidade e ciência

Carta 1

O amor de alguém

Olá! Espero que esteja tudo bem por aí, mesmo com a correria que costuma marcar a nossa vida profissional. Seja você estudante, lidando com leituras acumuladas, provas, estágios e aquela sensação de nunca dar conta de tudo; ou psicólogo já formado, equilibrando atendimentos, supervisão, cursos e as exigências de uma rotina que parece sempre querer mais do que conseguimos oferecer.

Seja qual for o seu momento da carreira, tem algo que nos aproxima. Em algum ponto dessa trajetória, todos nós somos confrontados com uma mesma experiência. Aquela que, embora esteja nas aulas e nos livros, só se compreende quando se testemunha de perto. Algo que, se você permitir, vai te impactar de um jeito que muda tudo – para sempre. Falo do sofrimento humano. Não aquele descrito em critérios diagnósticos ou relatado num exemplo de um professor, mas o sofrimento nu e cru, que aparece nos relatos fragmentados, na confusão ao tentar organizar pensamentos, na dificuldade de nomear emoções, na expressão facial apagada.

Ao longo de quase vinte anos de prática clínica, aprendi que a vida real supera a ficção. A dor que testemunhei nos meus pacientes não se compara ao que a gente vê em filmes, seriados, novelas ou mesmo nas grandes obras da literatura, seja nos labirintos existenciais de Dostoiévski ou na desesperança de Clarice Lispector. Já perdi noites de sono ruminando histórias horripilantes que ouvi e gostaria de poder esquecer.

O sofrimento psicológico é implacável. Não é frescura, nem exagero, nem drama. Não é preguiça, nem "falta do que fazer". Não é falta de fé ou de força de vontade. E, definitivamente, não é "falta de um tanque para lavar roupa", como ainda se ouve por aí. É angústia de verdade, que paralisa, que exaure, que corrói por dentro. Enquanto você lê esta carta, há milhões de pessoas lutando, tentando dar conta do dia, tentando não desabar. Pessoas que acordam exaustas, que trabalham no automático, que choram no banheiro, que cuidam dos outros mesmo quando mal conseguem cuidar de si.

Há quem acorde com um peso no peito e se arraste pelos compromissos sem saber muito bem por quê. Quem tenha perdido o prazer nas coisas que antes amava. Tem aqueles que se acham um fardo, pensam em desistir, sentem vergonha por não conseguir sair do fundo do poço. Alguns não conseguem parar de chorar, outros perderam até a vontade de chorar. Também há os que não se concentram, os que se sentem fora do corpo, os que já não confiam em ninguém – talvez por medo do mundo, talvez pela lembrança de um abuso que invade todas as noites. Há quem sinta o coração disparar só de pensar em sair de casa. Quem trema diante de uma lembrança. Quem tenha medo de dormir, ou de acordar. Também há os que sentem nojo do próprio corpo, se mutilam em segredo e odeiam estar vivos. Os que acreditam que não valem nada. Que não sabem se vão aguentar até amanhã. E tem aqueles que, ainda que estejam desmoronando, fingem que está tudo bem.

Tem gente que tem ataques de pânico em qualquer lugar. Outros ficam paralisados em frente ao espelho. Também há os que evitam tudo que lembre o que aconteceu. E os que se obrigam a lembrar, como se precisassem se punir mais um pouco. Há quem tenha pesadelos com o que não consegue esquecer, quem tenha vergonha de contar o que viveu. Quem sinta tontura, calafrio, aperto na garganta. Tem pessoas que suam frio e sentem o rosto queimar. Também há os que se veem como sujos. Os que acham que vão enlouquecer. Os que têm certeza de que vão morrer. Alguns pensam que ninguém vai se importar se morrerem. Às vezes, é uma culpa que não passa. Uma sensação insistente de que algo ruim está para acontecer. Um medo que paralisa. Uma lembrança que dói demais. Tristeza, pessimismo, desesperança. Uma crítica que nunca cessa. Um "eu sou um fracasso" repetido dentro da cabeça, o tempo todo, *ad infinitum*.

Há quem se perca nos próprios pensamentos e esqueça o que estava fazendo. Quem tente se concentrar e acaba deixando tudo pela metade. Tem gente que se acha incapaz. Há quem controle cada refeição com medo de engordar, quem se pese todos os dias, quem só consiga sentir um pouco de alívio quando o estômago dói de fome. Tem pessoas que prometem parar de beber, mas se embriagam de novo em busca de alívio. Há também os que precisam lavar as mãos até ferir a pele, conferir se a porta está trancada vinte vezes, organizar tudo em linha reta para conseguir respirar em paz. Tem quem explode por qualquer coisa e depois se arrepende. Quem chora de raiva e não consegue explicar o porquê.

Essas pessoas vivem entre a gente. Talvez você seja uma delas. Algumas estão do nosso lado agora – no ônibus, no metrô, presas no trânsito. Outras estão na fila da farmácia, no caixa do supermercado, caminhando apressadas pela rua. Estão respondendo mensagens, sorrindo nas redes sociais, participando de reuniões, rindo de piadas. Elas dizem que está tudo bem. Estudam, trabalham, pagam boletos, cuidam da casa, educam seus filhos. Às vezes até parecem tranquilas. Mas por dentro estão tentando não desabar.

Se você quer mesmo seguir por esse caminho, comece reconhecendo que cada paciente que se senta diante de você – com todo o sofrimento que carrega – é o amor da vida de alguém. É filho de uma mãe, pai de uma criança, avó de uma família. É o melhor amigo de alguém. Mas, mais do que isso, é alguém cuja vida tem valor em si, mesmo quando se sente invisível ou acredita que não faz diferença.

Então, meu conselho nesta primeira carta é que você reconheça profundamente a preciosidade de cada ser humano.

Com carinho,

Jan Leonardi

Carta 2
A ética do cuidado

Querido colega, como vai? Se você leu a primeira carta, já entendeu que o sofrimento humano não é um detalhe da nossa profissão – ele é o centro. Por isso, espero que você tenha clareza de que cuidar da saúde mental de alguém é coisa séria. Muito séria. Não tem (ou não deveria ter) espaço para vaidade, improviso ou negligência. E não há como fazer isso direito sem ética.

Quando falo em ética, não me refiro apenas a seguir o Código de Ética do Conselho Federal de Psicologia para evitar advertências ou a cassação do seu registro. Essa é a superfície da ética – o seu contorno jurídico, administrativo, regulatório. Importante? Sem dúvida. Mas insuficiente.

Então, de que ética eu estou falando aqui? O que significa, na prática, agir com ética quando se está diante de um paciente em tanto sofrimento? Uma boa forma de começar a responder a essa pergunta é considerar quatro princípios que, há décadas, orientam o cuidado clínico: não maleficência, autonomia, beneficência e justiça. Eles não eliminam as complexidades da clínica, mas funcionam como uma bússola.

Evitar causar dano é o primeiro dever ético de quem escolhe trabalhar com sofrimento humano. Esse é o princípio da não maleficência: a obrigação de não agravar a dor de quem confiou em você. Não estou falando aqui de absurdos, como gritar ou ofender seu paciente. Os danos mais frequentes de uma psicoterapia não são escandalosos. Costumam ser silenciosos, sutis, disfarçados de boas intenções. Você pode ferir alguém sem perceber, ao fazer uma interpretação precipitada ou tomar uma decisão baseada na sua própria história de vida. E o pior é que o paciente quase nunca percebe. Ele acredita – com razão – que você está preparado. Que suas decisões têm fundamento. Quando isso não é verdade, é você quem falha, não ele. A responsabilidade pelo prejuízo é sua.

E é por isso que você precisa estar preparado. Ser psicólogo exige conhecimento técnico, habilidade clínica e consciência dos próprios limites. Você precisa saber o suficiente para reconhecer os riscos de cada decisão, para entender quando uma hipótese clínica é frágil, quando uma intervenção é ineficaz ou quando é melhor parar, estudar, supervisionar, encaminhar. Preparar-se é um dever ético. Não estou dizendo que você precisa saber tudo. Ninguém sabe. A não maleficência é, antes de tudo, uma ética da contenção: a capacidade de pausar, refletir e evitar intervenções precipitadas. É escolher não ser mais uma fonte de sofrimento na vida de quem confiou em você. Essa contenção, longe de ser omissão, é uma forma madura de respeito – e, por si só, já representa responsabilidade.

O passo seguinte é reconhecer que o seu paciente tem autonomia para conduzir a própria vida. Isso pode soar óbvio, mas exige uma postura deliberada: não assumir que você sabe o que é melhor para ele. Todo adulto, em pleno uso de suas capacidades cognitivas, tem o direito de tomar decisões com base em seus próprios valores, sua história e sua realidade. E esse direito precisa ser respeitado mesmo quando você discorda. Respeitar a autonomia é incluir o paciente nas decisões. Isso significa que você tem o dever de compartilhar sua avaliação clínica, apresentar as opções terapêuticas cabíveis e explicitar os riscos e benefícios envolvidos. Só assim o paciente poderá escolher, de forma livre e informada, o que lhe parece mais adequado. Portanto, supondo que você, como psicólogo, queira realizar um tipo de intervenção com base apenas em sua preferência pessoal, experiência profissional ou adoração a uma determinada abordagem, seria imprescindível, do ponto de vista ético, que o paciente fosse informado e concordasse em se submeter a essa terapêutica, tendo clareza de que seus eventuais benefícios e riscos são desconhecidos. Esconder essas informações é retirar dele o poder de escolha. E isso é inaceitável.

Mas veja bem, evitar danos e respeitar a autonomia não bastam. É aqui que entra o princípio da beneficência: a obrigação de oferecer intervenções que realmente funcionem, que sejam efetivas. Não basta acolher. Não basta analisar. O paciente te procura porque quer e precisa mudar. Porque precisa sair do lugar onde está, encontrar alívio, reorganizar a vida, reconstruir sentido. E isso exige mais do que uma escuta empática. Exige um conjunto de habilidades clínicas. Você precisa saber o que fazer, como fazer, quando fazer. Portanto, nunca se esqueça: boas intenções não garantem bons resultados. O que você faz precisa fazer diferença na vida do seu paciente. E não estou dizendo que você tem que ser perfeito. Longe disso. Você nunca vai estar totalmente pronto. Nunca vai saber tudo. E tudo bem, desde que saiba disso, e aja com responsabilidade.

Espero que esses três pilares tenham ficado claros: não fazer o mal, respeitar a autonomia do outro, fazer o bem sempre que possível. Falta ainda mencionar o princípio da justiça – talvez o mais difícil de praticar.

O princípio da justiça determina que o psicólogo deve oferecer a cada paciente o melhor que pode, independentemente de quem ele seja, do que ele acredita, de como ele fala, se veste ou em qual candidato à presidência da república ele vota. Você não está ali para julgar, mas para ajudar. Você não está autorizado a oferecer menos porque o paciente é difícil. Ou porque você acha que ele não valoriza a terapia. Ou porque você julga que aquele sofrimento não é legítimo diante de tantas mazelas que existem no mundo. Ou porque sente que ele não vai "dar retorno". Seu compromisso não é com o que o paciente tem a te oferecer – é com o que ele precisa. Dito isso, preciso te confessar uma coisa. Eu nunca tratei todos os pacientes da mesma forma. Não vou fingir que sim. Eu sinto mais empatia por uns e me identifico com outros. E, sim, há aqueles que me irritam, me cansam, me tiram do sério. Sou humano, né? Mas o fato de ser humano não me isenta da responsabilidade de cuidar com equidade. Pelo contrário, me obriga a redobrar a atenção ao princípio da justiça.

A ética do cuidado é rigorosa mesmo, mas foi essa profissão que escolhemos, certo? Ser psicólogo não é apenas interpretar bem, conhecer autores, dominar teorias ou falar bonito. É estar ali, inteiro, diante do sofrimento de alguém – e levar isso a sério. Nunca esqueça que cada escolha que você faz, por menor que pareça, pode mudar o rumo da vida de quem te procurou. Por isso, ética não é detalhe. Ética é a espinha dorsal do nosso trabalho.

Com atenção,

Jan Leonardi

Carta 3

Contra o teórico de estimação

Caro colega, saiba que em algum momento da sua jornada acadêmica e profissional, você se encantará por um autor ou uma escola de pensamento. No meu caso, foi com B. F. Skinner. Eu vi no behaviorismo, já no meu primeiro ano da graduação em Psicologia, a explicação definitiva sobre a natureza humana. Era elegante, consistente, empiricamente fundamentada. Eu me pegava pensando que, se todos os profissionais soubessem o que Skinner escreveu, boa parte do sofrimento das pessoas poderia ser resolvido ou evitado. Eu via uma clareza quase matemática naquela teoria, uma promessa de precisão e objetividade num campo repleto de ambiguidades.

Fui fisgado. A partir daí, durante alguns anos, a psicologia para mim virou sinônimo de behaviorismo. Os artigos que eu lia, os cursos que fazia, os congressos que frequentava – tudo girava em torno daquela abordagem. O meu mestrado também foi na área. À época, qualquer crítica ao behaviorismo me deixava muito irritado, mais até do que se alguém xingasse a minha mãe.

Provavelmente, isso vai acontecer com você. Em algum momento da graduação – talvez ainda nos primeiros semestres – você vai se deparar com uma abordagem que parece explicar tudo. A teoria se encaixa tão bem, é tão coerente, que parece que a natureza humana foi devidamente explicada. Tudo faz sentido. O encanto é quase inevitável.

Talvez seja com Freud, quando você ler sobre o inconsciente, onde forças psíquicas entram em conflito e se manifestam por meio de sintomas, lapsos e sonhos. A noção de que muito do que fazemos está ligado a desejos recalcados, que escapam à consciência por mecanismos de defesa, pode te surpreender. Vai achar instigante a proposta de que, ao falar livremente em uma sessão de psicoterapia – sem censura, sem rumo – algo de muito importante emerge.

Pode ser com Jung, ao ser apresentado à noção de inconsciente coletivo como um território comum a toda a humanidade, povoado por arquétipos que moldam a forma como vivemos experiências universais: o herói, a sombra, o velho sábio. Talvez você se sinta tocado pela ideia de individuação – tornar-se quem se é, integrando as partes mais obscuras da psique.

Talvez você goste de Lacan, que propõe que o inconsciente é estruturado como uma linguagem. Vai ouvir falar do Nome-do-Pai como aquilo que organiza o desejo, da função simbólica que nos insere na cultura e nos afasta do gozo absoluto. Ou, então, seja Klein quem te chame a atenção, com a imagem do bebê já lutando com objetos bons e maus desde muito cedo.

Pode ser que você não se interesse por nada disso e siga por outro caminho e acabe encontrando em Beck algo que já percebeu na sua própria vida: grande parte do sofrimento humano não decorre diretamente dos eventos da realidade, mas da forma como eles são interpretados. E veja muito sentido na ideia de pensamentos automáticos – rápidos, involuntários e muitas vezes distorcidos – que, por sua vez, derivam de crenças nucleares: ideias rígidas e enraizadas sobre si mesmo, os outros e o mundo, formadas ao longo da vida e raramente questionadas.

Se continuar explorando mais, talvez se identifique com a ideia de Hayes de que a tentativa constante de evitar ou eliminar o sofrimento pode ser justamente o que nos mantém presos a ele – como se, ao lutar contra a dor, acabássemos alimentando sua permanência. Ou, então, se comova com a trajetória de Linehan, por sua ousadia ao desenvolver um modelo terapêutico voltado para pessoas frequentemente marginalizadas até mesmo dentro do próprio campo da saúde mental: aquelas com ideação suicida recorrente, comportamentos de automutilação, impulsividade extrema e explosões de raiva que afastam quem mais poderia ajudar.

É nesse contexto que você vai ouvir – ou perguntar – algo muito comum entre nós: "Qual é a sua abordagem teórica?". Essa pergunta aparece em rodas de colegas, em eventos, em estágios, em entrevistas de supervisão. Somos ensinados, desde cedo, a adotar uma entre várias teorias, quase como quem escolhe um time de futebol. Foi o que eu fiz com o behaviorismo. Vesti a camisa e passei a ver as demais abordagens como adversárias. Espera-se que você escolha a sua abordagem, com seu respectivo teórico de estimação e, a partir dali, interprete todos os fenômenos à luz dessa lente. O problema é que, na maioria das vezes, essa escolha é feita com base em afinidade. Crenças, preferências, identificação pessoal. "Ah, isso faz sentido pra mim!".

Assim, a abordagem passa a ocupar o lugar de uma convicção pessoal – e, como quase toda convicção, tende a resistir ao confronto com a realidade. Quando isso acontece, o vínculo com a teoria se torna emocional. A abordagem vira identidade. O autor se torna um guru sacralizado – o teórico de estimação. E qualquer dúvida começa a soar como ameaça, e não uma oportunidade de pensar melhor. É uma paixão cega.

Talvez você esteja se perguntando: "Mas qual o problema em ter uma abordagem de estimação? Ou em seguir um autor em quem confio profundamente?" À primeira vista, isso pode não parecer um problema, especialmente quando aquela teoria te ajudou a entender aspectos importantes do funcionamento humano e parece útil para a prática clínica. Só que, quando escolhe o seu método de trabalho com base naquilo que faz sentido para você, você está priorizando afinidades pessoais, e não o que há de mais consistente do ponto de vista científico.

O risco não está em admirar um autor, mas em fechar portas. O perigo não está em estudar a fundo uma teoria, mas em fazer dela o único caminho possível. Quando isso acontece, não é mais o paciente quem orienta as decisões clínicas – é a teoria que te encanta. Nisso, o paciente deixa de ser alguém a ser ajudado e passar a ser algo a ser encaixado no modelo favorito. Isso não é ético.

Quer ser um psicólogo de excelência? Mantenha a mente aberta e a curiosidade sempre viva. Questione o que lê, critique o que ouve, reavalie o que pensa. Esteja disposto a abandonar certezas, a mudar de ideia diante de novos dados, novas experiências, novos pacientes. Siga o conselho de Richard Feynman: prefira ter perguntas que não podem ser respondidas a ter respostas que não podem ser questionadas.

Digo tudo isso, e não deixei de admirar Skinner. O que ele formulou continua sendo uma importante contribuição científica para entender o comportamento humano. Uso até hoje muitas das ferramentas que aprendi naquela época, e seria tolice descartá-las. Mas aprendi, com o tempo, que ciência não é fidelidade – é questionamento. Psicologia não se resume a um autor. Nenhum deles explica tudo.

Cuidado com teóricos de estimação. Eles têm muito a oferecer – desde que não sejam colocados em um altar.

Com respeito,

Jan Leonardi

Carta 4

Sobre intuição clínica e o terapeuta iluminado

Prezado colega, na carta anterior falei sobre o risco de se apaixonar por uma teoria. Agora, quero te mostrar outro tipo de encantamento perigoso: aquele que temos pela intuição clínica.

Esse nome é bonito, né? "Intuição clínica". Carrega um prestígio quase sobrenatural. Faz parecer que, com o acúmulo de horas em consultório, o terapeuta adquire um sexto sentido. Como se os bons profissionais simplesmente soubessem o que fazer a cada momento. Como se houvesse, no olhar clínico, um saber infalível, inquestionável e quase inalcançável. É bonito de imaginar, mas perigoso de acreditar.

Claro, há colegas que cultivam essa imagem. Falam com um ar de mistério. Escolhem palavras que insinuam uma vocação excepcional, uma sensibilidade rara, um acesso direto ao mundo interno do paciente. É como se fizessem questão de parecer extraordinários. Alguém que vê o que ninguém mais vê. Que sente o que ninguém mais sente. Que sabe o que ninguém mais sabe. Talvez por vaidade, talvez para promover seus cursos. O efeito colateral disso é claro: faz com que você duvide da sua capacidade e acredite que apenas uma minoria privilegiada possui o dom da intuição clínica. Não caia nessa armadilha. Isso não apenas desmotiva quem está começando, mas desinforma, pois dá a entender que você, um não iluminado, nada pode fazer.

Mas, afinal, o que é essa tal de intuição clínica? É aquele pressentimento que o terapeuta tem sobre o que está acontecendo com o paciente ou sobre qual caminho seguir na sessão – mesmo sem saber explicar exatamente o porquê. Não se trata de uma impressão qualquer, tirada do nada. Ao contrário, a intuição costuma emergir de uma combinação de fatores: uma teoria preferida que direciona o olhar clínico, experiências acumuladas com outros pacientes e até vivências pessoais. E é aí que mora o perigo. A intuição clínica pode dar uma falsa sensação de segurança. Imagine, por exemplo, um terapeuta que escuta de sua paciente adolescente um relato sobre tristeza, isolamento e dificuldade para dormir. Ele interpreta aquilo como parte de um processo típico da adolescência e, sem avaliar diretamente o risco, descarta a possibilidade de suicídio. Confia na sua intuição de que "não parece ser o caso". Só depois de semanas descobre que a paciente vem pensando em se matar todos os dias. Esse é o perigo: às vezes ela acerta, mas, quando erra, o preço pode ser altíssimo.

Meu amigo, entenda: a intuição clínica não é um bom guia! Ela falha com frequência, com regularidade, com previsibilidade quase constrangedora. E não é porque você é inexperiente. Nós, seres humanos, temos uma habilidade espantosa de cometer erros (lembre-se: terapeutas também são humanos, por mais que alguns se esforcem para parecer uma espécie superior). Tiramos conclusões apressadas, baseando-nos em poucas informações e muitas suposições, interpretamos as informações com vieses. Nossas memórias são falhas: lembramos seletivamente, esquecemos o contexto, distorcemos os fatos. Atribuímos importância exagerada a detalhes irrelevantes e subestimamos informações cruciais. Muitas vezes, nossas decisões se baseiam mais em impressões subjetivas do que em evidências consistentes. Construímos certezas em cima de experiências isoladas. Confundimos correlação com causa. E, o pior, enxergamos sucesso onde há fracasso.

Eu tento ficar atento a esse ponto. É fácil, com o passar dos anos e o acúmulo de experiência, começar a confiar demais no próprio taco. Acreditar que já vi de tudo. Que consigo entender um paciente na primeira sessão. Que desenvolvi uma espécie de faro clínico infalível, que sempre sei o que fazer. Isso é muito perigoso. Por isso, faço questão de manter esse alerta aceso dentro de mim. Estou ciente do risco de superestimar minhas habilidades clínicas. Manter a humildade é, para mim, uma forma de responsabilidade ética. E é um exercício diário. Porque a tentação de acreditar no terapeuta iluminado – inclusive no que mora dentro de mim – está sempre à espreita.

Quando idealizamos o terapeuta como alguém brilhante, dotado de uma intuição clínica espetacular, perdemos de vista aquilo que realmente promove mudanças significativas em psicoterapia: habilidades que podem – e devem – ser aprendidas, treinadas e continuamente refinadas. Psicoterapia não é arte. É ciência aplicada à saúde mental. Trata-se, por exemplo, de saber conduzir uma boa entrevista, capaz de captar não apenas os sintomas, mas o contexto de vida e a história que os sustentam; construir uma relação terapêutica sólida, que ofereça segurança e abertura para o trabalho; formular casos com clareza, identificando como pensamentos, emoções e comportamentos se interconectam no sofrimento do paciente; estabelecer objetivos em conjunto, como reduzir episódios de automutilação ou retomar a vida social. Inclui ainda a escolha de intervenções apropriadas para a queixa clínica apresentada; o monitoramento sistemático do progresso e a flexibilidade para ajustar o tratamento sempre que necessário. Isso não é menos nobre do que a intuição. Pelo contrário: há uma dignidade enorme em estudar, treinar, revisar, errar e aprender.

Psicoterapia eficaz não nasce da genialidade – nasce do método. Exige curiosidade clínica, disposição para rever hipóteses e humildade para reconhecer quando algo não está ajudando. Exige, sobretudo, a coragem de não confiar demais em si mesmo e a maturidade de seguir aprendendo. O bom terapeuta não é aquele que "sabe"; é aquele que se pergunta se está ajudando. O maior risco não está naquilo você não vê, mas naquilo que você acredita estar vendo com absoluta clareza, quando talvez esteja apenas confirmando suas próprias expectativas.

Essa carta é um lembrete para você de que a sua intuição clínica pode estar te enganando. E isso não significa que você seja um terapeuta ruim, significa apenas que você tem um cérebro humano. Nossa percepção é falha, nossos julgamentos são enviesados e nossa intuição, por vezes, sedutora e traiçoeira. A confiança cega na intuição é confortável, mas custa caro: impede o crescimento, perpetua erros, e, em última instância, compromete o cuidado.

A questão clínica mais importante talvez não seja "estou certo?", mas "como eu sei que estou certo?". O bom terapeuta não é o que tem resposta para tudo, mas aquele que tem capacidade de suspeitar de que pode estar errado. Como já dizia Richard Feynman, "o primeiro princípio é que você não deve se enganar – e a pessoa mais fácil de enganar é você mesmo." Essa é, para mim, a definição mais clara de humildade clínica.

Com estima,

Jan Leonardi

Carta 5

Ciência?

Olá! Confesso: não foi fácil escrever esta carta. Temi que você, ao ver o título, desistisse da leitura – talvez até abandonasse o livro de vez. É possível que você pense que ciência tem pouco a ver com psicologia. Fria demais. Técnica demais. Coisa de laboratório, de medicina, de engenharia, mas pouco adequada para lidar com a subjetividade humana.

Talvez você pense que a ciência reduz pessoas a números, transforma o sofrimento em *checklists*, o vínculo em mera técnica. Que, ao classificar e quantificar, a psicologia deixaria de lado a individualidade de cada pessoa e a variabilidade da experiência humana. E eu entendo. Não porque eu compartilhe dessa visão, mas porque já escutei esses argumentos milhares de vezes de alunos, colegas e professores.

Nem sempre é fácil enxergar a ciência quando se está diante de alguém desmoronando. Como representar em um gráfico a dor de uma mulher traída? Como mensurar o luto de uma criança que sequer entende o que é a morte? Mas é justamente por lidar com algo tão delicado, tão repleto de nuances, que a psicologia precisa da ciência. Não para simplificar o que é complexo, mas para cuidar melhor da experiência humana. Para que o nosso ofício não dependa apenas da intuição, da tradição ou da autoridade.

O sofrimento dos nossos pacientes merece mais do que acolhimento. Merece, acima de tudo, nosso compromisso ético de oferecer aquilo que comprovadamente funciona. Foi por isso que a ciência entrou na minha vida: não para substituir o cuidado, mas para dar a ele um fundamento sólido.

Quero te convidar a aprender algumas coisas que eu aprendi, e que mudaram para sempre o modo como eu atendo alguém.

A ciência é uma atitude diante do desconhecido, um esforço sistemático para formular boas perguntas e perseguir respostas, sempre tentando minimizar os erros que nossa mente insiste em repetir. Nós, humanos, somos especialistas em enxergar padrões onde não existem, confirmar aquilo em que já acreditamos, ignorar o que nos desagrada e nos deixar levar por intuições falsas. A ciência é um esforço coletivo de corrigir isso. É um modo sistemático de observar, testar, analisar, comparar e revisar. É um conjunto de estratégias para chegar o mais perto possível da verdade, mesmo sabendo que talvez a gente nunca chegue nela por completo.

Sabe por que isso é importante na psicologia? Porque cuidar da saúde mental não é só oferecer uma escuta – é intervir na vida de uma pessoa. Lembra? Cada paciente é o amor da vida de alguém. Cada intervenção tem consequências. Pode ajudar, pode atrapalhar, pode fazer o paciente perder um tempo precioso. O mínimo que se espera de um profissional que atua na saúde mental é que ele saiba o que está fazendo. E que saiba explicar, com uma base sólida, por que escolheu um caminho e não outro.

Você vai ouvir muitos professores dizerem que "todas as abordagens são científicas", que "o importante é o vínculo" ou que "não existe certo ou errado em psicoterapia". São argumentos que sugerem uma postura acolhedora, plural, democrática. No fundo, é uma retórica para blindar especulações teóricas contra qualquer exame rigoroso. A ideia de que todas as formas de tratar o sofrimento psicológico são igualmente válidas é falsa. Como se a terapia psicanalítica, a terapia cognitivo-comportamental, a análise reichiana, a constelação familiar e a hipnose ericksoniana fossem todas equivalentes. Boas intenções e retórica não bastam para justificar o valor de um método terapêutico. Dizer que tudo tem valor é o mesmo que não precisar provar o valor de nada.

Essa visão iguala intervenções que foram rigorosamente testadas – e mostraram resultados consistentes – com outras que nunca foram submetidas a avaliação sistemática, ou que já foram testadas e falharam. Igualar tudo isso em nome de um suposto respeito à subjetividade é, no mínimo, uma forma de abandonar a responsabilidade que temos diante do sofrimento alheio. É encarar o trabalho clínico como uma questão de gosto, de convicção pessoal, de "achar que funciona". E isso não é justo com quem sofre.

Há formas de avaliar se uma terapia funciona ou não. Por exemplo, para saber se uma intervenção ajuda quem pensa em suicídio, os pesquisadores precisam seguir alguns passos importantes. Primeiro, eles escolhem um grupo de pessoas que seja parecido com quem, na vida real, procura esse tipo de ajuda (se o estudo incluir só pessoas ricas, os resultados talvez não sirvam para quem vive na pobreza). Depois, essas pessoas são divididas em dois grupos de forma aleatória, como em um sorteio, o que ajuda a garantir que ambos sejam parecidos no começo. Assim, se um deles melhorar mais, é provável que tenha sido por causa do tratamento, e não por outros motivos. Também é importante que quem coloca as pessoas no estudo não saiba para qual grupo cada uma vai. Isso evita influências, conscientes ou até sem querer. E os avaliadores, que vão medir se a intervenção funcionou, também não sabem quem recebeu qual tratamento. Outro ponto essencial: mesmo que alguém desista no meio do tratamento, os dados dessa pessoa ainda contam. Incluir esses casos deixa os resultados mais próximos do que acontece na prática clínica cotidiana.

Se você for como eu, talvez tenha pensado: "Peraí, mas é só uma pesquisa... por melhor que ela seja, não traz uma resposta definitiva, né?" Sim, você está certo. Estudos diferentes podem chegar a conclusões diferentes. Um pode mostrar que a intervenção ajuda, outro que não faz diferença, e um terceiro que traz riscos. Isso acontece porque as pesquisas variam em muitos aspectos (vou te poupar de uma longa explicação sobre epidemiologia clínica, tá?). É aí que entra a revisão sistemática, que obedece a um protocolo rigoroso para localizar, selecionar, avaliar e sintetizar os achados de várias pesquisas sobre uma mesma pergunta. Os pesquisadores vasculham dezenas ou centenas de estudos para selecionar apenas os que atendem a critérios mínimos de qualidade. Esses estudos são avaliados criticamente e, se forem suficientemente parecidos entre si, os dados deles podem ser reunidos em análise estatística que junta os resultados dos estudos incluídos na revisão sistemática, calculando o chamado tamanho do efeito. Em vez de olhar pesquisa por pesquisa, você passa a ter uma síntese matemática, uma média ponderada dos resultados de todas elas. Com isso, torna-se possível responder perguntas como: "Qual é o efeito médio da terapia X sobre a ideação suicida em adolescentes?" ou "A terapia Y é mais eficaz do que a medicação Z na prevenção de comportamento suicida?".

Talvez tudo isso te pareça burocrático demais. Distante da dor real de quem chega ao consultório. Eu entendo, de verdade. Mas deixa eu te perguntar: o que é mais prudente – seguir com um tratamento só porque você acredita nele, mesmo sem saber se funciona, ou se comprometer com aquilo que já foi testado e tem mais chance de ajudar? Se tem uma coisa você não pode se dar ao luxo de fazer é tomar decisões que afetam uma vida com base apenas na sua afinidade pessoal com uma abordagem. Isso pode custar caro demais para quem sofre.

Eu sei que muita gente vê essa preocupação com provas empíricas como algo impessoal, mecânico, desumano. Para mim, é o contrário. O que pode ser mais humano do que reconhecer os próprios limites e, ainda assim, buscar caminhos mais seguros para ajudar alguém? Quando uma pessoa chega até nós em sofrimento, o mínimo que ela espera é que a gente esteja fazendo o melhor possível.

É por isso que a ciência é o que sustenta meu compromisso com os meus pacientes. Porque ela representa aquilo que foi testado, verificado e demonstrado como eficaz. A ciência não me dá verdades absolutas, mas me ensina a desconfiar das certezas. Ela me ajuda a ver melhor, a perguntar melhor, a escutar melhor, a intervir melhor. Ela me lembra, o tempo todo, que os meus pacientes merecem o melhor que o conhecimento humano é capaz de oferecer. Não é desumano buscar evidências científicas – é desumano negligenciá-las.

Com empolgação,

Jan Leonardi

Carta 6

Mas o paciente melhora...

Querido colega, na carta anterior eu quis te contar que a ciência não é um obstáculo ao cuidado, mas uma das formas mais profundas de exercê-lo. Que ela não serve para reduzir o sofrimento a números, e sim para evitar que nossas decisões sejam guiadas por intuições, tradições ou teorias queridas demais para serem questionadas. Defendi que é preciso saber, com alguma segurança, o que funciona, e que o melhor caminho está no conhecimento acumulado por milhares de profissionais que, antes de nós, se dedicaram a testar, comparar, revisar e aprimorar a psicoterapia.

"Mas o meu paciente melhora". Essa é uma frase que escuto com muita frequência. Geralmente, é dita com uma função bem específica: "pouco importam as pesquisas, os artigos, os dados, as evidências, eu vejo meus pacientes melhorarem; logo, o meu método de terapia é eficaz". E olha, eu não duvido que você veja seus pacientes melhorarem. Eu também vi, e continuo vendo, pessoas que chegaram prostradas e voltaram a ter alegria em viver.

Sim, os pacientes melhoram. O meu, o seu. Ninguém nega isso. O problema é que a melhora, por mais palpável que pareça, pode ser uma miragem. E nós, humanos, somos criaturas suscetíveis a miragens, especialmente as que alimentam nossa sensação de propósito, nosso desejo de fazer diferença. Quando um paciente me diz "obrigado, você mudou a minha vida", eu sinto um calor no peito e tenho vontade de chorar. E não há problema nenhum em sentir isso.

A questão não é se eles melhoram, mas por que melhoram. A diferença entre essas duas perguntas é o que separa senso comum e ciência. A melhora, por si só, não é uma evidência confiável de que a intervenção foi a responsável por ela. Não prova que a terapia psicanalítica ou a constelação familiar ou a terapia cognitivo-comportamental é eficaz. Acontece que o mundo não funciona em linha reta. Vivemos em um emaranhado de causas, desde variações naturais até influências quase invisíveis. E é por isso que observações clínicas isoladas podem estar equivocadas.

Tem uma coisa que os professores quase nunca te falam, mas que é importante que você entenda: às vezes o paciente melhora por conta própria. Sem terapia, sem remédio, sem nada. Alguns quadros psicológicos, principalmente os mais leves ou reativos a eventos específicos, costumam diminuir de intensidade com o tempo, mesmo sem nenhuma intervenção. Uma crise de ansiedade depois de um término de namoro, uma tristeza por causa de uma briga, uma fase difícil no trabalho... essas coisas passam. Quando isso acontece, tanto o paciente quanto o terapeuta podem pensar: "olha só, a terapia funcionou!".

Outro fator que confunde a nossa percepção é o que a estatística chama de regressão à média. O nome assusta, mas a ideia é simples. Provavelmente, você tem algumas oscilações no seu humor: dias ótimos, dias péssimos, e muitos dias no meio do caminho. Se você procura ajuda num dos piores dias da sua vida, é provável que nos dias seguintes você melhore, mesmo sem fazer nada. É como se o seu humor estivesse voltando ao seu "normal", à sua média, ao seu padrão. Logo, se o paciente te procura para começar a terapia num momento de maior sofrimento, há grandes chances que ele melhore nas semanas seguintes, a despeito do que você faça nas sessões. Se você desconhece o fenômeno de regressão à média, corre o risco de achar que isso prova a eficácia da modalidade de terapia que você gosta.

Além disso, tem uma coisa que é bem comum nos seres humanos: o desejo de não decepcionar. Muitos pacientes gostam de seus terapeutas. Então, tem gente que diz que está melhorando só para não magoar ou não parecer ingrata. Tem paciente que exagera nas coisas boas e minimiza o que não está indo bem. Não é por mal. Não é falsidade. É afeto. É só o jeitinho que a gente tem de ser gentil com quem tenta nos ajudar. Mas essa distorção sutil nos relatos pode gerar uma falsa impressão de progresso.

A memória do paciente também engana. Quando ele tenta avaliar se melhorou com a terapia, nem sempre essa lembrança reflete com exatidão o que aconteceu. Pode recordar uma crise como terrível mesmo que, na hora, não tenha sido tão insuportável assim. Além disso, é comum que a gente lembre com mais facilidade do que é recente do que do que aconteceu há meses. Isso distorce a narrativa: um alívio pontual nas últimas semanas pode parecer uma grande melhora, mesmo que o quadro geral tenha sido marcado por oscilações ou pouca mudança real. Essa reconstrução da experiência não é mentira – é só como o cérebro funciona. A questão é, de novo, tomar esse tipo de relato como prova de que a abordagem X é eficaz.

Bom, e tem o tal do efeito placebo, que é muito mais comum do que parece. Em psicoterapia, ele não é uma pílula de farinha, mas sim o impacto de se sentir cuidado por um profissional: o compromisso semanal, a escuta acolhedora, a expectativa de que algo vai mudar. Isso não é pouca coisa, mas não significa que a intervenção em si foi eficaz. Não significa também que não existam tratamentos que contemplem o compromisso, a escuta e a expectativa que trazem resultados ainda melhores. Enfim, se a gente não souber separar uma coisa da outra, vai acabar superestimando o valor da abordagem, sem perceber que parte dos resultados veio do "ritual", e não do método.

Tudo isso que te contei até agora – a melhora espontânea, a regressão à média, o desejo de agradar, as falhas da memória, o efeito placebo – já bastaria para pensar duas vezes antes de tirar conclusões apressadas sobre o que funciona ou não funciona em terapia. Mas tem mais... Pode ser difícil de admitir, mas o nosso jeito de ver o mundo, muitas vezes, é um obstáculo. Temos vieses cognitivos.

Um dos mais traiçoeiros é o viés do excesso de confiança. Ele aparece quando a gente sente que tem certeza sobre algo, mas essa certeza é maior do que aquilo que de fato sabemos. Eu já caí nessa várias vezes. Superestimei minhas habilidades clínicas. E já pensei, sim, que eu era um terapeuta acima da média, assim como vários dos colegas com quem conversei – e, claro, não tem como todos estarem acima da média ao mesmo tempo. Mais do que isso, confesso que já olhei para as minhas hipóteses clínicas como se fossem verdades absolutas, quando deveriam ser provisórias, abertas à dúvida, à revisão.

Falando em vieses, vou te pedir para tomar bastante cuidado com o famoso viés de confirmação – um tipo de filtro que faz com que você enxergue só aquilo que já acredita. Por exemplo, se você tem muita afinidade com uma abordagem teórica, começa a ver provas de que ela está certa em tudo: no que o paciente fala, no que ele faz, até no que ele não faz. Eu lembro bem da época em que eu era fanático pelo behaviorismo. Qualquer coisa era contingência de reforçamento. E o que não combinava com essa teoria? Eu ignorava, adaptava, interpretava de um jeito que encaixasse. Com esse viés, qualquer coisa pode virar "prova" de que estamos certos.

Nossa atenção também não é neutra. A gente tende a ver aquilo que espera ver. Se você acredita que o paciente está melhorando, vai prestar mais atenção nos sinais que confirmam isso – como um comentário mais otimista, um sorriso, um leve progresso. E pode deixar de lado os sinais de estagnação ou de piora. Isso é o viés atencional. A gente não vê o que está lá, a gente vê somente o que quer ver.

Outro viés é o de atribuição. Quando o paciente melhora, a gente tende a pensar: "foi a minha intervenção que funcionou". Mas quando ele piora, é mais comum pensar: "ele não fez a tarefa", "é culpa da mãe"; "o marido que é um babaca". O mérito é nosso, a culpa é do mundo. Eu já me peguei fazendo isso várias vezes – e talvez você também. Fiz uma sessão boa e na semana seguinte o paciente voltou dizendo que estava melhor. Dever cumprido. Só que quando o contrário acontecia, o paciente relatava uma piora, minha mente corria para buscar explicações como "a vida dele está um caos, não tem terapia que dê conta". E veja, às vezes essas coisas são verdadeiras. Mas o problema está em como elas surgem dentro da gente – como defesa. Isso protege a vaidade, mas atrapalha o entendimento do processo terapêutico como um todo.

Essa breve explicação sobre vieses me traz de volta ao ponto central desta carta: o paciente pode, sim, estar melhorando – mas a nossa percepção dessa melhora é cheia de distorções. É por isso que a gente precisa da ciência. Porque ela nos obriga a confrontar nossos achismos. Porque ela nos lembra que ver melhora não é o mesmo que comprovar melhora. Que ter certeza não é o mesmo que estar certo. E cuidar bem de alguém exige humildade para admitir que, de vez em quando, não é o paciente que está confuso – somos nós, com convicções que precisam ser repensadas.

Com atenção,

Jan Leonardi

Carta 7

O tripé

Caro colega, eu quero começar esta carta te contando um pouco da minha história. Embora eu tenha sido um péssimo aluno na escola (daqueles que sempre estavam à beira de repetir o ano), fui um aluno exemplar durante a graduação em psicologia. Um CDF de dar orgulho para a família. Terminei a faculdade com média ponderada 9,3. Fiz iniciação científica, apresentei em congresso, ganhei prêmio. Uma vez fui parar no pronto socorro com suspeita de enfarto, mas era só uma estafa por estudar demais. Mesmo assim, quando me formei, tinha clareza de que eu não estava preparado para ser terapeuta. A graduação não me ensinou as habilidades clínicas, não me deu um norte para os atendimentos, não me mostrou como ajudar de verdade quem sofre.

Depois, veio a especialização em terapia analítico-comportamental, em uma das instituições mais respeitadas da época. Ajudou, mas eu continuava perdido. Teoria eu tinha de sobra. Sem falsa modéstia, eu dominava o behaviorismo. Sabia os termos técnicos, os princípios, os conceitos. Mas, na hora de atender, alguma coisa faltava. Atendia um, atendia dois, vinte... e a sensação persistia: "não sei se estou fazendo a coisa certa".

Depois de uns dois ou três anos atendendo como psicólogo, eu cheguei bem perto de desistir. Inclusive, fui aprovado em um processo seletivo para integrar o Player Behavior Team do League of Legends, um jogo de computador da Riot Games com mais de 130 milhões de jogadores ativos por mês, jogado em mais de 140 países, e cujo campeonato mundial, em 2023, distribuiu mais de 2 milhões de dólares em prêmio. Era uma vaga bem legal, com salário decente, plano de carreira, um tipo de trabalho onde comportamento e *big data* se encontravam. Não aceitei, mas só porque a vaga pagava menos do que eu queria. Só que a vontade de abandonar a clínica ainda era real.

Por quê? Porque eu estava cansado de me sentir perdido. Eu fazia supervisão toda semana com alguns dos maiores terapeutas comportamentais do Brasil, discutia casos com colegas, fazia mestrado, estudava sem parar. Perdia noites de sono tentando entender o que mais eu podia fazer, o que estava faltando, como eu podia oferecer um tratamento melhor para os meus pacientes. E mesmo assim, eu continuava me vendo como um estelionatário.

Foi aí que eu descobri a existência da prática baseada em evidências. E tudo mudou.

A ideia de prática baseada em evidências (ou PBE) soa, à primeira vista, como um truísmo – algo tão óbvio que chega a parecer desnecessário ou redundante. Mas não se engane. Essa aparente obviedade esconde uma revolução. Pensa comigo: quando a gente fica doente, tudo o que a gente mais quer é que o profissional que vai nos atender saiba o que está fazendo. Que não improvise. Que não se baseie em achismo, intuição, tradição ou naquilo que aprendeu há décadas e nunca mais atualizou. A gente quer o melhor. Não o que o médico, fisioterapeuta, nutricionista ou dentista gosta mais. E esse "melhor", como já deve ter ficado claro para você nas cartas anteriores, nasce do compromisso com o conhecimento acumulado pela ciência.

Mas a PBE não é só evidência. É aqui que muitos se confundem: acham que PBE é só seguir o que dizem os artigos. Para que você nunca caia nesse erro, vale olhar com calma para a definição completa. A American Psychological Association define PBE como "o processo individualizado de tomada de decisão clínica que ocorre por meio da integração da melhor evidência disponível à perícia clínica no contexto das particularidades do paciente". Aí está o tripé: pesquisa, *expertise* e paciente. Parece técnico? Tudo bem. Segue comigo até o fim da carta – minha missão aqui é te explicar o que isso significa.

"Melhor evidência disponível" quer dizer que nem toda pesquisa tem o mesmo peso – e que algumas são mais confiáveis do que outras. Você confia mais na previsão do tempo feita com satélites ou na opinião de alguém que olha para o céu e diz "acho que vai chover"? Se um engenheiro for construir uma ponte, é melhor que ele siga cálculos matemáticos e as leis da física ou que vá no instinto de que "vai aguentar"? É mais coerente oferecer um modelo de psicoterapia que foi testado com centenas de pacientes ou se basear na experiência pessoal de um único terapeuta? Evidências científicas podem ter maior ou menor grau de confiabilidade, a depender da qualidade metodológica das diferentes pesquisas – riscos de viés, validade e confiabilidade das medidas escolhidas para avaliar o paciente, precisão na descrição dos procedimentos, arranjo das condições experimental e de controle para permitir comparações entre elas, método de análise dos dados, consistência dos resultados entre diferentes estudos, magnitude do benefício encontrado etc.

"Perícia clínica" refere-se ao repertório especializado que o terapeuta desenvolve ao longo do tempo, por meio da graduação, da pós-graduação, de cursos, treinamentos, congressos, supervisões, da prática acumulada com diferentes pacientes e do estudo contínuo da literatura teórica e empírica. Inclui habilidades como formulação de caso, mensuração de resultados, planejamento de intervenções, habilidades interpessoais, construção de uma boa relação terapêutica, execução de técnicas, comunicação com outros profissionais envolvidos no caso, competências multiculturais (pois é diferente atender uma mulher negra em situação de pobreza do que um homem branco hétero cis de classe média), entre outras. Além disso, a perícia clínica diz respeito também à capacidade de encontrar e avaliar criticamente as evidências existentes na literatura e sua pertinência para o paciente em questão. Note, portanto, que a perícia clínica é um conjunto de habilidades que podem ser aprendidas, treinadas, refinadas. É o oposto de se guiar apenas pela intuição.

A terceira perna do tripé da PBE refere-se às idiossincrasias do paciente. Idiossincrasias – sim, um palavrão, eu sei. Lembra da definição? PBE é "o processo individualizado de tomada de decisão clínica que ocorre por meio da integração da melhor evidência disponível à perícia clínica no contexto das particularidades do paciente". Que particularidades são essas? Tudo àquilo que faz dele quem ele é: objetivos, valores, crenças, preferências, história de vida, cultura, identidade de gênero, orientação sexual, religião ou espiritualidade, situação econômica, estado clínico. A lógica por trás disso é simples, mas essencial: nenhum tratamento funciona de verdade se não for adequado ao paciente. Uma intervenção que desconsidera suas convicções, sua linguagem, seu modo de ver o mundo, corre o risco de soar estranha ou invasiva. E isso costuma trazer dois desfechos: ou a terapia perde qualidade, ou o paciente desiste. Mas atenção! Individualizar o cuidado não é fazer tudo que o paciente pede. Nem sempre o que o paciente quer é o que vai, de fato, ajudá-lo. Às vezes, o que ele prefere fazer é o que mantém o problema. Por isso, o papel do terapeuta é informar. Trazer à tona o que a ciência sabe sobre aquele tipo de sofrimento, explicar os mecanismos psicológicos envolvidos, apresentar as opções terapêuticas disponíveis, falar sobre os riscos e benefícios de cada uma delas. No fim das contas, quem decide se vai ou não seguir o tratamento é o paciente. O nosso papel é construir esse plano junto com ele, de forma clara, responsável e colaborativa. O nome disso é decisão compartilhada.

Ficou claro o tripé? Evidências de pesquisa, repertório do terapeuta e singularidades do paciente. Três pilares que possuem o mesmo grau de importância na determinação da melhor conduta para cada paciente. Se isso ficou claro, fica fácil perceber que a PBE não é uma abordagem – não no mesmo sentido em que são a psicanálise, o behaviorismo ou o humanismo. Ela não corresponde a um modelo teórico ou a um protocolo de intervenção. Inclusive, é por isso que usar a expressão no plural – "práticas baseadas em evidências" – é um equívoco. Porque PBE é um processo de tomada de decisão clínica. É o comportamento de integrar o que a ciência mostra com o que o terapeuta domina para o que o paciente precisa.

Se você se encantou com esse modelo, já te aviso: trabalhar com PBE exige bastante de você. Exige estudo contínuo – e não só para acumular conhecimento, mas para estar disposto a fazer diferente à medida que surgem novas evidências. Exige abertura para questionar práticas que você já conhece, já usou, e gosta. Também pede uma certa honestidade intelectual para reconhecer que algumas das suas técnicas preferidas talvez não funcionem tão bem quanto você imagina. E exige um compromisso real com quem está sentado na sua frente porque, sem a PBE, você pode acabar oferecendo menos do que o seu paciente precisa.

Eu sempre falo sobre a PBE com tanto entusiasmo porque sei, na pele, o que é se sentir perdido na clínica. Como eu disse no começo desta carta, eu estudei muito, me dediquei de verdade, fiz tudo que parecia certo. E, ainda assim, passava as sessões com a sensação de que eu estava no escuro, meio que tentando adivinhar o que fazer. Por alguns anos, eu me senti um impostor. Foi a PBE que me mostrou que é possível, sim, atuar com mais segurança, mais clareza, mais responsabilidade e, claro, mais eficácia. A PBE me ensinou que eu não preciso escolher entre ser humano e ser técnico. Que é possível, sim, unir escuta e rigor, acolhimento e evidência.

Por isso, se esta carta te despertou alguma fagulha de curiosidade, siga por ela. Vai atrás. Estude sobre PBE. Questione o que você aprendeu na faculdade. Busque formação sólida. Se aproxime de quem está levando isso a sério. Porque a psicologia clínica brasileira está mudando. E você pode fazer parte dessa transformação.

Com esperança,

Jan Leonardi

Carta 8

Resistência

Olá! Se você chegou até aqui, já sabe o quanto eu me importo com o sofrimento humano. Já te contei que ele é imenso e complexo. Falei sobre o risco de nos apegarmos a teorias de estimação, o perigo da intuição clínica e o quanto somos vulneráveis a erros de percepção. Na carta anterior, te apresentei a ideia de que a prática baseada em evidências (PBE) não é uma abordagem, mas um modelo de atuação clínica que integra os melhores dados disponíveis da pesquisa científica, a perícia clínica e as particularidades de cada paciente. Esse tripé, como te contei, é o que me permite – e pode permitir a você também – tomar decisões mais eficazes e seguras.

Acredite se quiser, mas tem gente que odeia a PBE. Pois é, e olha que estamos falando de um modelo que oferece um caminho ético, consistente e responsável para lidar com o sofrimento humano. Então, por que será que tanta gente ainda prefere manter distância – ou, pior, ataca com veemência tudo que carrega esse nome? A verdade é que essa resistência não surge do nada. Ela tem raízes mais profundas – e, em muitos casos, até compreensíveis. É por isso que eu resolvi escrever esta carta. Quero te contar quais são algumas das principais raízes dessa resistência à PBE. Não para apontar dedos (ainda que dê vontade...), mas para que você entenda o que está em jogo. Porque, sem entender de onde vem essa resistência, fica difícil você contribuir para transformar o nosso campo (sim, eu espero isso de você).

A primeira grande barreira que eu vejo é o que costumo chamar de analfabetismo científico. Sim, eu sei que são palavras duras, mas elas expressam uma realidade que atravessa a formação em saúde no Brasil. A imensa maioria dos cursos de graduação – seja psicologia, medicina, enfermagem, fisioterapia ou nutrição – não ensina ciência de verdade. Ensina algumas teorias. Às vezes um pouco de técnica. Mas deixa de fora os fundamentos do pensamento científico. Poucos aprendem o que é validade interna, validade externa, randomização, alocação oculta, cegamento, tipos de desfecho, viés de atrito, viés de publicação, viés de relato, intervalo de confiança, número necessário para tratar, pergunta Picot, a diferença entre significância estatística e significância clínica, ferramentas como Consort e o sistema Grade (peço desculpas se te assustei com todos esses conceitos, mas saiba que a lista poderia ser muito maior). Isso faz com que muitos profissionais saiam da graduação sem a capacidade de diferenciar opinião de evidência. Eu mesmo não aprendi nenhuma dessas coisas na graduação, na especialização, no mestrado ou no doutorado.

E aí acontece uma coisa curiosa: mesmo quem não entende nada de ciência usa expressões como "cientificamente comprovado" sem saber exatamente o que isso significa. Outros vão além e atacam a própria ideia de ciência. Dizem que é positivista, como se isso fosse um xingamento. Que a ciência é "fria", "reducionista", "mecanicista", "neutra", "instrumento do capitalismo", "presa à lógica ocidental", "inadequada para compreender o sofrimento humano", "incapaz de lidar com a subjetividade", "incapaz de captar a verdade do inconsciente". E há, claro, os que acreditam que "tudo é relativo", "tudo depende do olhar", "não existe verdade".

Outra fonte de resistência à PBE que eu encontro com frequência é o apego à própria experiência clínica. Muitos colegas acreditam que sua vivência acumulada em consultório é mais confiável do que qualquer pesquisa. "Eu vejo meus pacientes melhorarem", dizem. E falam isso com convicção, com paixão, com brilho nos olhos. Já falei, numa das cartas anteriores, como essa percepção pode estar cheia de distorções – viés de confirmação, regressão à média, efeito placebo etc. Mas mesmo quando eu explico isso com cuidado, a reação de muitos colegas é de rejeição. Porque, para eles, questionar a experiência clínica soa como um ataque pessoal. Como se eu estivesse dizendo que eles são maus profissionais. E não é isso. É reconhecer que mesmo um profissional experiente pode se enganar. E isso, para muitos, é uma ofensa.

Tem também o que eu considero uma das armadilhas mais perigosas: o viés do custo afundado. Imagina alguém que investiu dez, vinte anos em uma determinada abordagem – estudou, deu aula, escreveu livro, formou alunos. Essa pessoa não vai mudar de ideia facilmente. Mesmo que surjam evidências robustas de que sua abordagem tem pouca eficácia, ela vai continuar defendendo o que sempre defendeu. Faz parte da identidade profissional dela. Esse viés é cruel – faz a gente continuar insistindo num caminho não porque ele é o melhor, mas porque a gente já investiu demais para voltar atrás. Como disse Upton Sinclair, "é difícil fazer alguém entender algo quando o salário dele depende de ele não entender." E quando isso acontece, quem mais sofre é o paciente.

Além disso, ninguém admite que trabalha sem evidência. Mesmo os colegas que rejeitam o termo PBE, que fazem piada com o uso de protocolos, que ironizam quem fala de eficácia, quase sempre acreditam que estão fazendo o melhor. Que seu método funciona. Que seus pacientes melhoram. E, de fato, muitos melhoram mesmo – mas, como você já sabe, a questão não é essa. A questão é saber se a melhora vem do método ou de fatores inespecíficos. Se há alternativas mais eficazes. Só que pouca gente está disposta a fazer esse tipo de pergunta. Porque ela desestabiliza. Porque ela exige humildade. Porque ela convida a mudar. E mudar dói. Por isso, todo mundo diz que usa evidência. Outros vão além: questionam até o que conta como evidência. Dizem que "existem muitos tipos de saber", que "a experiência também é uma forma de evidência", que "o que importa é o que funciona pra cada um". Relativizam tanto o conceito que, no fim das contas, tudo vira evidência – o relato do paciente, a intuição do terapeuta, a tradição da escola teórica, a opinião do teórico de estimação. Querido colega, pensa comigo: se tudo vale como evidência, nada precisa ser provado.

Por fim, saiba que uma das fontes mais persistentes de resistência à PBE não vem de argumentos teóricos ou relativistas, mas da circulação de mitos – muitos deles criados por pessoas que nunca se deram ao trabalho de entender de fato o que a PBE propõe. Esses mitos acabam distorcendo o debate e afastando profissionais que poderiam se beneficiar do modelo. Por isso, vou me dedicar agora a esclarecer algumas coisas.

Há quem diga, por exemplo, que a PBE endossa o modelo médico, como se fosse impossível praticar PBE sem aderir ao DSM – o *Manual diagnóstico e estatístico de transtornos mentais*. Quem atua com PBE pode fazer uso de categorias diagnósticas, quando útil, mas também reconhece que muitos pacientes vivem situações complexas, apresentam múltiplas queixas, comorbidades ou não se encaixam bem em nenhum rótulo oficial. E tudo bem. A PBE não exige um diagnóstico para começar; ela exige responsabilidade para pensar, adaptar e justificar a escolha de uma intervenção para alvos específicos.

Também se diz por aí que a PBE funciona como uma "receita de bolo". É curioso: quem afirma isso nunca abriu um protocolo de intervenção e nunca precisou justificar suas escolhas para além do "funciona porque eu acho". A verdade é que trabalhar com PBE é, acima de tudo, reconhecer que o mesmo tratamento não funciona da mesma forma para todo mundo. O uso das evidências sempre exige adaptação ao caso específico. Se você conhece alguém que segue um protocolo de forma rígida, saiba que ele não faz PBE. É má prática, com ou sem evidência.

Outro clássico: a acusação de que a PBE é reducionista. Vou ser direto e reto: o verdadeiro reducionismo está em acreditar que só porque uma ideia "faz sentido", ela funciona. A PBE parte do reconhecimento da complexidade humana. Ela é antirreducionista por natureza – porque não se contenta com explicações fáceis, nem com intervenções não testadas. Se há algo que a PBE recusa, é a ideia de que escutar com empatia, por si só, já é o bastante.

Também já ouvi que a PBE é arrogante – que ela quer acabar com outras formas de trabalho clínico. O curioso é que basta defender que práticas clínicas deveriam *funcionar* para ser tachado de autoritário. Já dizer que uma teoria é legítima porque "me toca profundamente" parece ser o auge da humildade intelectual. Talvez o problema não seja a suposta arrogância da PBE, mas o desconforto de ser convidado a abandonar certezas confortáveis e aceitar que a tradição não substitui a ciência.

Dizem ainda que a PBE é elitista. Como se oferecer um tratamento eficaz, com base em evidências, que respeita o tempo, o dinheiro e o sofrimento do paciente, fosse um luxo. Elitista é cobrar caro por uma terapia infinita que não se compromete com mudança. A PBE não exige recursos ilimitados – exige compromisso com resultados. E isso é ético.

Há também quem acuse a PBE de neutralidade, como se trabalhar com ciência significasse fechar os olhos ao sofrimento social. Nada mais distante. A PBE exige atenção rigorosa aos marcadores sociais: gênero, raça, classe, sexualidade, território. Ignorar esses aspectos é negligência. A neutralidade da PBE é outra: é o cuidado para que o consultório não se torne um espaço de doutrinação pessoal. É possível ser politicamente consciente sem transformar o *setting* terapêutico num púlpito.

E, claro, não poderia faltar a acusação de que a PBE é neoliberal. Esse tipo de crítica costuma surgir quando acabam os argumentos. A PBE é um modelo clínico de tomada de decisão, não uma doutrina econômica. São coisas diferentes, em universos diferentes.

Se você chegou até aqui, agradeço por ter me acompanhado até o fim desta carta – que, como você percebeu, não é só um desabafo, mas um convite à lucidez. A resistência à PBE é real. Envolve ignorância científica, orgulho ferido, medo da mudança e apego a teóricos de estimação.

A PBE não é perfeita. Não tem todas as respostas. Mas ela é, hoje, o modelo mais sólido que temos para tomar decisões clínicas em meio à incerteza. Se você decidir trilhar esse caminho, é bom saber o que te espera. Acredite se quiser, mas já fui associado a bandeiras que não me representam. Já usaram nomes e palavras que a civilização colocou na lata de lixo da história. E, claro, já me chamaram de burro, inúmeras vezes. Espero que esse tipo de coisa nunca aconteça com você, mas provavelmente vão dizer que você é arrogante, reducionista, colonizado, neoliberal. Vão te chamar de inimigo da subjetividade. Vão rir das suas preocupações metodológicas, desprezar o seu esforço em justificar decisões com dados. Mas não desista. Porque, no fim do dia, quem ganha são os seus pacientes. Na verdade, mais do que eles... Ganha a psicologia como um todo – talvez o maior sinal de maturidade profissional seja quando você deixa de pensar só nos seus casos e passa a se preocupar com a sua profissão, com a qualidade do que a sua categoria entrega para a sociedade.

Nas próximas cartas deste livro, quero conversar com você sobre como atuar com PBE. Porque defender a ciência é uma coisa. Usar a ciência, no cotidiano do consultório, é outra. Até lá!

Com carinho,

Jan Leonardi

Seção 2
Fundamentos da prática clínica

Carta 9

O que é ajudar, afinal?

Olá! Se você está lendo esta carta, é porque deseja compreender os fundamentos de uma prática clínica eficaz. Fico feliz com o seu interesse! Para seguirmos nesse caminho, primeiro preciso te propor uma reflexão. Você já parou para se perguntar para que serve um psicólogo? Muita gente – colegas e pacientes – acredita que a nossa função é escutar e acolher. Claro, isso faz parte do trabalho. Mas se a terapia parar por aí, não adianta muita coisa. A psicoterapia não pode ser apenas um espaço para desabafar – ela precisa ser um lugar de transformação.

O paciente que procura terapia é como alguém preso no inferno. Não adianta dizer "dá pra ver que você está sofrendo muito" ou "eu entendo que estar aí é desesperador". Isso até produz algum alívio, mas não resolve o problema. O seu papel como psicólogo é olhar ao redor do inferno e começar a procurar, junto com o paciente, pela porta de saída.

Quando eu comecei a atender e ainda não conhecia as ferramentas certas para intervir, eu me sentia plateia da dor alheia. Escutava com atenção, me importava de verdade, tentava ser o mais empático possível. Dizia coisas como "imagino o quanto isso está sendo difícil" e "só de você ter vindo até aqui já é um grande passo". Eram falas sinceras. Eu queria ajudar. Só que eu não sabia como.

Como já te confessei em uma carta anterior, eu saía das sessões com a sensação de que não estava fazendo muita diferença na vida dos meus pacientes. Eles voltavam na semana seguinte com os mesmos problemas, os mesmos sintomas, as mesmas vidas – e eu, sempre com a mesma impotência.

Claro, você não está ali para dizer ao paciente o que ele deve querer, como tem que viver ou quais escolhas precisa fazer. Mas, quando ele começa a entender com mais clareza o que deseja, quais objetivos gostaria de alcançar, que tipo de vida gostaria de construir, aí entra a sua responsabilidade: oferecer as ferramentas adequadas para que ele possa mudar a própria vida – passo a passo, com consistência e de um jeito que faça sentido com aquilo que é verdadeiro para ele.

Em outras palavras, ajudar é encurtar – de forma deliberada e mensurável – a distância entre o sofrimento atual e a vida que vale a pena ser vivida. É um processo ativo, colaborativo e guiado por evidências: estabelecer metas concretas, escolher intervenções respaldadas pela ciência, monitorar resultados, ajustar o plano quando necessário e, sobretudo, devolver ao paciente a autoria da própria história.

Pode ser alguém que sentia culpa só de descansar. Que não conseguia ver um filme sem pensar que estava "perdendo tempo". Que se levantava da cama no domingo com o coração acelerado. Que mal conseguia se sentar à mesa sem sentir que deveria estar adiantando algo – um *e-mail*, uma meta, uma tarefa doméstica. A cabeça nunca estava onde o corpo estava. E a paz nunca durava mais do que alguns segundos. Esse alguém tinha aprendido, desde cedo, que parar era preguiça. Que descansar era fraqueza. Que valor se mede em produtividade. E que amor se conquista por desempenho. Com o tempo – e com muito esforço – começou a enxergar valor em coisas simples. Começou a tentar permanecer nelas sem se sabotar. A permitir que o domingo tivesse silêncio. Que o corpo tivesse pausa. Que a mente tivesse respiro. A culpa ainda aparece de vez em quando – sussurra que ele deveria estar fazendo mais, que está ficando para trás. Mas hoje, quando isso acontece, ele respira fundo. E escolhe o que importa mais do que a cobrança. Nem sempre é fácil. Mas, aos poucos, ele vai descobrindo que existe vida fora da lógica da exaustão.

Pode ser uma advogada recém-formada que costumava ficar quieta nas reuniões de equipe, com medo de não ser levada a sério. Ensaiava mentalmente o que queria dizer, mas na hora engolia seco. Tinha medo de ser interrompida, de falarem por cima, de rirem dela. Com o tempo, começou a se posicionar – mesmo tremendo. A vontade de agradar foi dando lugar à vontade de opinar. A psicoterapia não apagou o medo de errar, mas deu a ela o direito de tentar. Numa reunião, fez uma sugestão com voz baixa, mas firme. A ideia foi aceita. Aquilo foi o que ela precisava para seguir em frente.

Pode ser uma jovem que ficou 36 horas sem comer. Sentia culpa por mastigar, vergonha por sentir fome. Passava horas diante do espelho, beliscando a pele do abdômen, fazendo cálculos mentais de calorias, repetindo promessas de que no dia seguinte comeria ainda menos. Um dia, aceitou sentar à mesa. Chorou com o primeiro gole de um suco de laranja. E, aos poucos, começou a reaprender a cuidar do corpo – não como um inimigo a ser domado, mas como um lugar onde pode habitar com menos sofrimento.

Pode ser um adolescente que vivia explodindo – gritava, quebrava coisas, batia portas, xingava os pais. Depois se arrependia, chorava no quarto, mas não sabia como fazer diferente. Com o tempo, aprendeu a perceber o que vinha antes da raiva: mágoa, frustração, rejeição. Aprendeu a nomear essas emoções. Hoje, ele pensa antes de agir. Um dia, depois de uma discussão com o pai, disse: "Fiquei com muita raiva, mas em vez de quebrar o celular, eu consegui parar e respirar. E funcionou." Isso é mudança – não porque a raiva sumiu, mas porque ele descobriu o que fazer com ela.

Pode ser alguém que se cortava todas as noites, no mesmo lugar do corpo, com o mesmo estilete guardado no estojo da escola. A dor física era a única coisa que aliviava aquela sensação insuportável de não caber no próprio peito. No dia seguinte, escondia os machucados com mangas compridas, mesmo no calor. Tinha explicações prontas caso alguém perguntasse. Mas ninguém perguntava. E isso doía quase tanto quanto os cortes. Com o tempo, foi descobrindo outras formas de cuidar dessa dor: escrevendo, falando com alguém de confiança, segurando um cubo de gelo. O impulso não desapareceu de uma vez. Mas ela começou a adiar o gesto. Depois, a resistir. Um dia, percebeu que fazia semanas que não se machucava. E chorou – não de dor, mas de alívio. Pela primeira vez, sentiu que talvez pudesse aprender a se tratar com o mesmo cuidado que sempre teve com os outros.

Pode ser alguém que, depois de um acidente, passou meses revivendo tudo. Os gritos. O sangue no asfalto. O cheiro de ferro misturado com poeira. O som seco do impacto, repetido na mente como um disco arranhado. Qualquer detalhe podia ser gatilho: o barulho de uma freada, o calor do sol batendo no para-brisa, a curva de uma rua parecida com a do acidente. Dormia pouco, e mal. Acordava encharcado de suor, coração disparado, sem saber se o pesadelo já tinha acabado. Durante o dia, andava tenso, atento a cada ruído, como se algo fosse acontecer a qualquer momento. Não dirigia. Evitava até se sentar no banco da frente. Travava só de pensar em pegar no volante. Começou a se culpar por isso também – achava que já era hora de ter superado. Um dia, conseguiu voltar ao volante, ainda que com medo. Dirigiu até o quarteirão vizinho. Depois, até o mercado. Depois, até o trabalho. O medo estava lá – mas, dessa vez, não foi ele quem tomou as decisões. Porque coragem não é ausência de medo. É seguir, apesar dele.

Pode ser uma mulher que evitava sair de casa com medo de ser julgada. Passava horas diante do espelho, trocando de roupa, tentando encontrar uma combinação que a fizesse parecer "normal". Refazia cenários na cabeça, antecipando falhas, silêncios, olhares de reprovação. Imaginava críticas que nem existiam – e, às vezes, acreditava tanto nelas que preferia desistir. Cancelava convites, inventava desculpas. Com o tempo, foi se expondo. Primeiro numa ida rápida à padaria, de chinelo e sem maquiagem. Depois num encontro com amigos, onde falou menos do que queria. Por fim, numa entrevista de emprego, onde tremia por dentro. Cada passo era pequeno, mas real. E foi assim que ela trocou a prisão do medo pelo risco do contato. E, com isso, começou a descobrir algo que nunca tinha experimentado: o alívio de ser quem é, sem precisar se esconder o tempo todo.

Pode ser alguém que sentia nojo do próprio corpo. Que evitava o espelho, tomava banho no escuro, vestia roupas largas para não ver as formas refletidas. Que se escondia em casacos mesmo no calor, e andava olhando pro chão para não cruzar olhares. Lá no fundo, acreditava que não valia nada. Que era feio, inadequado, errado. Que o próprio corpo era uma espécie de castigo. Aos poucos – e com muito cuidado – foi recuperando o senso de dignidade. Começou a sair, pouco a pouco, do lugar da punição. A tolerar o próprio reflexo por alguns segundos. A tomar banho com a luz acesa. A escolher algo não porque escondia, mas porque gostava. E, devagar, foi se reconhecendo como alguém com valor. Alguém que merece viver no próprio corpo, não como quem se esconde, mas como quem se permite existir.

Pode ser alguém que queria morrer. Não por impulso, mas por exaustão. Sorria por fora, ia bem nas aulas, ninguém desconfiava. Por dentro, a dor era constante – e parecia não ter fim. Um dia, resolveu contar. Não porque queria viver, mas porque já não conseguia mais guardar. E foi essa confissão sussurrada que abriu o primeiro espaço para cuidar. Com o tempo, ela começou a entender que o desejo de morrer era vontade de matar a dor, e não a si. E aos poucos, descobriu outras formas de aliviar essa dor. Começou a pedir ajuda. A aceitar companhia. Um dia, riu vendo um vídeo bobo e disse: "Eu achei que nunca mais ia sentir isso." A vontade de morrer não desapareceu de uma vez. Mas passou a conviver, lado a lado, com a vontade de viver. E foi assim que ela começou a reconstruir a própria vida – pedacinho por pedacinho.

Pode ser uma mulher que viveu anos num relacionamento abusivo achando que aquilo era amor. Que se culpava pelos gritos, pelas ofensas, pelas ameaças. Um dia, começou a dizer "não". Saiu da culpa e decidiu não aceitar menos do que respeito. Descobriu que existia vida depois daquele relacionamento. Vida real, com liberdade. E, junto com ela, um novo senso de identidade.

Pode ser alguém que lavava as mãos por uma hora até sangrar – e, com ajuda, aprendeu a sair de casa com as mãos ainda molhadas. Para quem nunca teve compulsão, isso pode parecer pouco. Mas para quem vive preso a rituais, isso é liberdade. Liberdade de chegar no horário. De sair sem dor. De viver com menos medo de si mesmo.

Pode ser alguém que vivia no piloto automático – acordava, cumpria obrigações, passava pelos dias como quem só espera que acabem. Até que, aos poucos, recuperou as rédeas da própria vida. Começou a planejar o dia de acordo com aquilo que era realmente importante. A colocar o celular no modo avião para se escutar melhor. A escrever cartas para si mesmo, como forma de reencontro. Voltou a tocar guitarra, não como fuga, mas como lembrança de quem já foi. E, entre uma nota e outra, começou a imaginar quem ainda podia se tornar.

Querido colega, espero que tenha enxergado nos exemplos anteriores o que a psicoterapia precisa ser: um espaço onde mudanças acontecem. Mudanças de verdade. Não só entendimento, mas movimento. Não só acolhimento, mas ação. Não só escuta, mas construção de novas formas de estar no mundo. Essas transformações não são mágicas. Não acontecem da noite para o dia. Mas são reais. E, quando ocorrem, mudam a vida do paciente – e mudam o terapeuta também. Porque você começa a entender, na prática, o poder do seu trabalho. E, como diz o Tio Ben, do Homem-Aranha, com grande poder vem grande responsabilidade.

O que é ajudar, então? Ajudar é produzir mudanças clinicamente relevantes que se mantenham fora do consultório e devolvam autonomia ao paciente.

Então, se você quer mesmo ser psicólogo, não se contente em ser plateia da dor alheia. Aprenda, com seriedade, as ferramentas que funcionam. E, principalmente, se lembre todos os dias que você está ali não só para compreender o sofrimento, mas para facilitar mudanças que talvez o paciente nem imaginasse serem possíveis. Compaixão sem competência é apenas piedade.

Um abraço,

Jan Leonardi

Carta 10
Relação terapêutica

Querido colega, se na carta anterior falei que ajudar alguém é promover mudança real, concreta e duradoura, chegou a hora de abordar o que sustenta qualquer processo de psicoterapia: a relação entre terapeuta e paciente. Alguns colegas acreditam que essa relação é apenas um pré-requisito: primeiro a gente cria o vínculo, depois aplica as técnicas. Outros acham que ela é, em si, a própria técnica – que o que produz mudanças clinicamente relevantes é essa conexão humana. Não vou entrar nessa discussão agora. O consenso, porém, é claro: sem uma boa relação, não tem psicoterapia que funcione. É como tentar fazer uma cirurgia sem esterilizar o ambiente: você até pode usar a melhor ferramenta do mundo, mas o risco de dar errado é enorme.

Talvez você tenha dúvidas sobre o que exatamente caracteriza a relação terapêutica. Alguns imaginam algo parecido com uma amizade – marcada por proximidade, afeto e disponibilidade irrestrita. Outros supõem que a relação deve ser mais distante, neutra, quase impessoal. Mas a verdade é que nenhum desses extremos funciona. Relação terapêutica não é conversa solta, não é "tô aqui pra tudo que você precisar". Também não é o oposto disso – aquele terapeuta que se protege atrás de um discurso técnico, assumindo uma postura de superioridade e ditando os próximos passos.

A relação terapêutica é uma parceria. É um espaço cuidadosamente construído, onde o paciente encontra as condições necessárias para refletir, se reorganizar e testar novas formas de lidar com o que sente, pensa e vive.

A relação terapêutica é permeada por escuta e acolhimento, orientada por objetivos clínicos, delimitada por limites profissionais e regida por princípios técnicos e éticos. Portanto, o vínculo não é um fim em si mesmo: é o solo que sustenta o processo de mudança.

Ah! Um ponto importante: muita gente confunde relação terapêutica com aliança terapêutica, mas elas não são a mesma coisa. A relação terapêutica é o vínculo emocional estabelecido entre terapeuta e paciente, marcado por empatia, respeito, confiança e acolhimento. É o clima que permite que o trabalho aconteça. Já a aliança terapêutica é mais específica: trata-se do acordo explícito sobre os objetivos do tratamento, sobre o que será feito durante as sessões e sobre o papel de cada um no processo. A aliança terapêutica contribui significativamente para o sucesso do tratamento. Quando o paciente entende e concorda com o que está sendo feito e por que, fica mais motivado e engajado. Em outras palavras, a relação diz respeito ao "como estamos juntos"; a aliança trata do "para onde vamos e como pretendemos chegar lá".

O que faz uma relação terapêutica ser boa? Primeiro, colaboração. Colaboração, aqui, significa engajamento ativo de ambas as partes. O paciente participa. Ele pensa junto. Ele diz se faz sentido ou não. O terapeuta sugere caminhos, analisa escolhas, traz soluções. Claro, tem horas em que você, como terapeuta, lidera – principalmente quando o paciente está muito perdido, confuso, sem saber por onde começar, ou quando ele precisa desenvolver determinadas habilidades comportamentais, cognitivas e emocionais. Mas, na maior parte do tempo, vocês caminham juntos. Como numa gangorra: às vezes um lado pesa mais, mas o equilíbrio depende do esforço dos dois.

Essa colaboração precisa ser cultivada desde as primeiras sessões. E, muitas vezes, começa com perguntas simples e respeitosas, que reconhecem a autonomia do paciente: "O que você gostaria de abordar primeiro?"; "Como você se sente em relação ao que conversamos até aqui?", "É por esse caminho que você quer seguir?" Essas perguntas não são meros recursos retóricos. Elas ajudam o paciente a perceber que tem voz no processo. Se você atropelar, sabe o que acontece? O paciente começa a fazer só o mínimo – ou desiste. E aí você vai achar que ele é resistente – quando, na verdade, quem não soube manejar foi você.

Outro ponto essencial da relação terapêutica é o que a literatura científica chama de empirismo. Isso significa abarcar as experiências que cada paciente traz da sua própria vida – valores, crenças, condicionamentos, sensações, vivências, observações, entendimentos. O foco do empirismo na terapia é garantir que as intervenções estejam conectadas à realidade do paciente. Não adianta usar uma técnica respaldada pela ciência se, para ele, ela soa estranha, desconectada, artificial. Um bom terapeuta é aquele que consegue ligar os pontos entre o que a ciência recomenda e o que o paciente vive.

Nesse ponto, também é fundamental considerar a competência multicultural. A experiência do paciente é influenciada por sua história social, racial, de gênero, econômica, espiritual e cultural. O terapeuta precisa ser capaz de reconhecer e integrar essas dimensões sem supor neutralidade de sua parte. O desconhecimento ou negação dessas questões pode comprometer a construção do vínculo e a eficácia da intervenção.

Por isso, empirismo na relação terapêutica não é apenas seguir o que a ciência diz, mas integrar o conhecimento científico às experiências individuais do paciente. Caso contrário, a terapia vira uma receita que não serve para aquela vida. Um bom terapeuta sabe escutar, adaptar e propor alternativas que mantêm a integridade técnica sem perder a relevância subjetiva para cada indivíduo.

Mesmo quando a relação terapêutica está boa, rupturas acontecem. O paciente se afasta, fica mais calado, evita temas importantes, chega atrasado, esquece tarefas. Às vezes ele até diz que está tudo bem, mas você percebe que algo está estranho. Ignorar esses sinais é um erro grave. Fingir que está tudo bem quando não está só piora a situação. Rupturas não abordadas aumentam o risco de abandono da terapia ou reduzem a eficácia do tratamento. Então, quando perceber que algo mudou, pergunte diretamente – com cuidado, claro. Você pode dizer: "Tenho sentido um clima um pouco diferente entre nós nas últimas sessões. Gostaria de entender melhor como você tem se sentido aqui" ou "Fiquei pensando se algo que aconteceu entre nós pode ter te incomodado. Você topa falar sobre isso?". Essas perguntas são um convite à reparação. Mas, para que isso seja possível, o terapeuta precisa tolerar o desconforto. Muitos evitam esse tipo de conversa com medo de parecerem invasivos ou destruírem o vínculo, quando, na verdade, é o contrário: evitar a tensão pode impedir a construção de um vínculo real. Saber permanecer na relação quando o paciente está irritado, distante ou desconfiado exige maturidade clínica – e é nesse lugar que a confiança se aprofunda.

Tudo isso que você leu só ganha vida quando vira ação. O que fazer, na prática, para construir uma boa relação terapêutica? Escutar de verdade.

Significa mais do que apenas ouvir as palavras do paciente. Significa captar também o que é dito nas entrelinhas: os silêncios, os gestos, as hesitações. Significa estar genuinamente curioso sobre o mundo interno daquela pessoa, sem pressa de interpretar ou responder. Escutar de verdade exige presença – mas não uma presença tensa, que busca estar 100% atento o tempo todo como se isso fosse humanamente possível. Exige uma atenção flexível, capaz de retornar ao paciente sempre que a mente divagar, e de oferecer a ele a experiência rara de ser realmente compreendido. É nesse tipo de escuta que se constrói, pouco a pouco, a confiança que sustenta todo o trabalho clínico.

Construir uma boa relação terapêutica também exige validar a experiência do paciente, mesmo quando ela é muito diferente da sua. Evitar julgamentos, críticas ou comentários que possam desqualificar o que ele vive. Perguntar como ele se sente na terapia, o que está ajudando – e o que não está. Ajustar ritmo, tom e estilo conforme a pessoa à sua frente. Ser empático sem soar artificial; profissional sem perder a humanidade. Dar *feedbacks* claros, honestos e respeitosos. Acima de tudo, mostrar que você se importa – não só com palavras, mas com atitudes.

E o que não funciona? Confrontos diretos e desnecessários. Suposições sobre o que o paciente pensa ou sente. Críticas veladas. Rigidez. Arrogância. Achar que você sabe mais do que ele sobre a própria vida. Presumir que, se a terapia não está funcionando, o problema é sempre do paciente. Esperar que ele se adapte ao seu jeito, em vez de ajustar sua postura às necessidades dele. Tudo isso enfraquece o vínculo – e, sem vínculo, a terapia simplesmente não acontece.

Por fim, vale lembrar que muitos pacientes chegam ao consultório já machucados por relações anteriores – com familiares, profissionais, instituições. Justamente por isso, a relação terapêutica precisa ser diferente: clara, respeitosa, cuidadosa. Precisa oferecer algo que a maioria dessas pessoas não teve – um espaço confiável. É nesse espaço, onde há escuta sem julgamento, orientação sem imposição e intervenção sem invasão, que a mudança começa a ser possível.

Com atenção,

Jan Leonardi

Carta 11

Começo, meio e fim

Caro colega, nesta carta quero te contar como é o percurso completo de uma psicoterapia – desde o primeiro encontro até o momento da alta. Como ela começa? Como termina? O que acontece durante as sessões? O que deve ser feito, e por quê? Como a terapia pode tirar uma pessoa de um lugar de dor, confusão ou paralisia e, pouco a pouco, ajudá-la a construir uma vida mais coerente com o que realmente importa para ela.

A psicoterapia pode ser comparada a uma travessia em mar aberto. No início, o paciente está à deriva, em meio a tempestades ou águas paradas. O terapeuta assume o papel de navegador experiente: não toma o leme, mas ajuda a ler cartas náuticas, ajustar velas e perceber os fluxos do mar. Juntos, traçam rotas mais seguras, evitam recifes escondidos e aprendem a aproveitar os ventos favoráveis. Com o tempo, o paciente se torna seu próprio capitão – capaz de enfrentar tanto calmarias quanto tormentas com os recursos que adquiriu.

Ao receber um novo paciente, o primeiro passo é entender, com o máximo de precisão possível, quem é aquela pessoa e o que ela está vivendo. Para isso, o terapeuta escuta com atenção, faz perguntas, investiga com cuidado. Essa avaliação busca detalhar o que motivou a busca por terapia, quando os problemas começaram, como eles afetam o dia a dia, o que já foi tentado antes e em que situações o sofrimento tende a piorar ou melhorar.

Durante essa etapa inicial, o terapeuta também observa como o paciente funciona de forma mais ampla. Ele nota a coerência entre relato e emoção, o estilo de comunicação (se é mais direto ou evasivo, mais concreto ou abstrato), a forma como a pessoa lida com frustrações, incertezas e conflitos, e como responde a emoções intensas. É importante notar também o grau de organização do discurso, a flexibilidade ou rigidez no modo de pensar, o grau de espontaneidade ou retraimento, o olhar, o tom de voz, o ritmo da fala, os gestos e as expressões faciais. Tudo isso oferece pistas valiosas sobre o modo como essa pessoa vive, sente, pensa e se relaciona com os outros e com o próprio sofrimento.

Aqui já aparece uma das marcas de um bom terapeuta: ele é ativo. Não no sentido de apressar o processo, mas no sentido de conduzir com direção e intenção. Ele não espera que tudo venha pronto. Em vez disso, organiza o relato, questiona, sabe o momento de ficar em silêncio. Ajuda o sofrimento a ganhar forma – e, quando isso acontece, ele se torna mais passível de ser compreendido, nomeado e, com o tempo, transformado. Um paciente pode chegar dizendo apenas que está "sem vontade de fazer nada". Essa frase, por si só, diz muito pouco. Mas, com perguntas cuidadosas e direcionadas, o terapeuta descobre o que está por trás disso: se há cansaço acumulado, um sentimento de fracasso, um vazio existencial, um medo de decepcionar alguém ou um histórico de perdas recentes – às vezes, tudo isso junto.

Além da conversa, o terapeuta também pode usar alguns instrumentos que ajudam a entender melhor o que a pessoa está passando. São escalas ou questionários sobre seus comportamentos, pensamentos e emoções. Essas ferramentas são padronizadas (ou seja, foram criadas e testadas com muitas pessoas diferentes), o que permite saber se as respostas de um paciente estão acima, abaixo ou dentro do que é considerado típico para a maioria das pessoas. Isso ajuda o terapeuta a identificar com mais clareza o que está acontecendo com o paciente. Naturalmente, escalas e questionários não substituem a escuta e nem o diálogo, mas são um ótimo complemento para entender melhor a situação. Essas escalas trazem perguntas como: "Nos últimos dias, com que frequência você se sentiu triste ou sem esperança?"; "O quanto você tem conseguido se concentrar nas tarefas?"; "Você sente prazer nas coisas que costumava gostar?"; "Como anda seu apetite?"; "O quanto o que você está sentindo tem atrapalhado sua vida na escola, em casa ou com amigos?".

Com base nesse levantamento de informações, por meio de diálogo, observação clínica e uso de instrumentos, o terapeuta organiza uma lista dos principais problemas que precisam de atenção. Essa lista pode incluir comportamentos, como se isolar dos amigos, faltar à escola ou evitar qualquer situação que cause desconforto; pensamentos repetitivos e autodepreciativos, como "eu não sirvo pra nada" ou "ninguém gosta de mim"; emoções difíceis, como uma tristeza profunda que não passa, explosões de raiva ou uma ansiedade constante; queixas físicas, como insônia, dor de cabeça ou falta de energia; e relacionamentos problemáticos, como se anular para agradar os outros, entrar em conflitos com facilidade ou depender de alguém para tomar decisões. Também se identificam situações de risco que exigem manejo imediato, como ideação suicida, violência doméstica ou uso problemático de álcool e outras drogas.

Feito esse mapeamento, chega o momento de definir os objetivos terapêuticos. Em geral, os pacientes começam com metas bem amplas – "quero me entender melhor", "quero ser feliz" ou "quero diminuir a ansiedade". Embora esses desejos sejam legítimos e importantes, o trabalho clínico exige mais precisão. Uma das funções do terapeuta é ajudar o paciente a transformar essas metas genéricas em objetivos mais específicos, concretos, observáveis e alcançáveis. Em vez de dizer apenas "melhorar a ansiedade", o objetivo pode ser conseguir permanecer em sala de aula durante metade das aulas da semana sem precisar sair no meio por desconforto; ou voltar a usar transporte público pelo menos três vezes por semana; ou, ainda, se expor a situações sociais específicas, como conversar com colegas no intervalo ou participar de uma reunião em grupo pelo menos uma vez por semana, durante o próximo mês. Outros objetivos podem envolver retomar o contato com três amigos próximos até o final do mês, enviando mensagens ou combinando encontros; praticar, nas próximas quatro semanas, técnicas específicas de enfrentamento para o medo de falar em público, como ensaiar falas curtas e pedir *feedback* de pessoas de confiança; ou estabelecer uma rotina de sono regular, com horários fixos para dormir e acordar, de modo a alcançar entre seis e oito horas de sono por noite em pelo menos cinco dias da semana. Percebe que, quando há clareza sobre o que precisa mudar, a terapia ganha direção?

Com os objetivos definidos, a próxima etapa do processo é formular hipóteses explicativas que permitam compreender melhor o quadro clínico do paciente. É saber os porquês de o paciente fazer o que faz, pensar o que pensa e sentir o que sente. É compreender como comportamento, emoção, cognição, atenção, motivação e ambiente se influenciam mutuamente dentro de um sistema interconectado. É aqui que você começa a entender como o comportamento X afeta a emoção Y, como o fator ambiental Z influencia o comportamento X, como o pensamento Z impacta a emoção Y, e assim por diante. Para isso, é necessário conhecer a literatura científica sobre padrões de comportamento, distorções cognitivas, funcionamento emocional, traços de personalidade, entre outros aspectos.

Por exemplo, pense no caso fictício de um paciente viciado em jogos de apostas *on-line*. O comportamento de apostar está diretamente ligado à motivação de conseguir dinheiro rápido. Essa motivação está associada a crenças como "homens precisam sustentar a família" ou "se eu usar a estratégia certa, eu ganho", aprendidas ao longo da vida. Essas crenças, por sua vez, são influenciadas por um contexto mais amplo: pressão familiar, desemprego, dívidas crescentes e inflação. Esse ambiente sociocultural gera pensamentos como "preciso pagar as contas ainda nesta semana", que alimentam emoções intensas, como ansiedade e medo. Nesse cenário, o ato de apostar passa a funcionar não só como tentativa de resolver um problema financeiro, mas também como forma de aliviar temporariamente essas emoções negativas. No entanto, à medida que o paciente aposta mais e perde mais, surge uma nova motivação: recuperar o dinheiro perdido. Isso intensifica o ciclo de repetição, levando a um padrão compulsivo, de perda de controle, que agrava o sofrimento que ele buscava aliviar. O comportamento se mantém tanto pela esperança de ganho quanto pelo alívio emocional imediato, mesmo que os prejuízos a longo prazo sejam extremamente graves.

Perceba que identificar essas relações exige conhecimento atualizado sobre processos cognitivos, emocionais, comportamentais e contextuais, reunidos ao longo de décadas de pesquisa científica. É esse conhecimento que permite ao terapeuta construir hipóteses mais precisas e planejar intervenções com maior chance de promover mudanças relevantes.

Esse conjunto de informações, organizadas em termos de problemas a serem enfrentados, objetivos terapêuticos, hipóteses explicativas e possíveis intervenções, é chamado de formulação de caso (ou, em alguns textos, conceitualização de caso). Formular um caso significa criar um mapa compreensivo que integra os dados coletados sobre o paciente e os articula com conhecimentos teóricos e empíricos, permitindo entender por que os problemas aparecem, como se mantêm, e o que precisa ser modificado para que a mudança ocorra. É uma síntese clínica, mas não um resumo; é um mapa desenhado com cuidado, que pode e deve ser revisado ao longo do processo terapêutico. Essa formulação guia as intervenções, ajuda o terapeuta a fazer escolhas mais precisas e individualizadas e oferece ao paciente um entendimento mais coeso sobre sua própria história e seu funcionamento. A partir das hipóteses explicativas formuladas, o terapeuta identifica as intervenções mais adequadas. Essa escolha não é feita por afinidade pessoal por esta ou aquela escola teórica, mas baseada em evidências científicas sólidas. Cada estratégia escolhida precisa fazer sentido dentro daquele caso específico, naquele momento do processo, com aquela pessoa – respeitando sua história, seu contexto e suas necessidades.

O leque de intervenções é amplo: psicoeducação, reestruturação cognitiva, exposição gradual a situações temidas, treino de habilidades sociais, práticas de aceitação, exercícios de desfusão, estratégias de resolução de problemas, regulação emocional, clarificação de valores, organização da rotina, entre outras. Por exemplo, no caso mencionado anteriormente, o terapeuta pode iniciar o trabalho com psicoeducação sobre o funcionamento dos jogos de azar, esclarecendo como eles exploram vieses cognitivos como a ilusão de controle e a aversão à perda. Em paralelo, pode explicar como o reforçamento intermitente contribui para persistência do comportamento de jogar. Além disso, o terapeuta pode introduzir o automonitoramento, para que o paciente observe os gatilhos que o levam a jogar. Técnicas de resolução de problemas podem ajudar o paciente a organizar as finanças, lidar com dívidas ou enfrentar conflitos familiares. Estratégias de regulação emocional podem oferecer formas mais saudáveis de lidar com a angústia, bem como ajudar o paciente a ter fontes de prazer fora do jogo.

Claro, essas técnicas não são aplicadas todas de uma vez, nem de forma aleatória, muito menos em todos os pacientes. Elas são escolhidas com base nas hipóteses formuladas sobre os processos que mantêm o comportamento-problema e são ajustadas ao longo do tempo, de acordo com a resposta do paciente. Esse é o núcleo da boa prática clínica: usar o melhor conhecimento científico disponível, aliado à *expertise* clínica e às características individuais de cada pessoa. É o tripé da Prática Baseada em Evidências, que abordei em uma carta anterior.

Aqui entra outro ponto essencial: o terapeuta precisa deixar claro o que está fazendo – e por qual motivo. Explicar seu papel, o papel do paciente, o que a ciência sabe sobre aquele tipo de sofrimento, quais são as intervenções mais eficazes e quanto tempo, em média, costuma levar um processo semelhante. Ele não promete cura em dez sessões, mas também não se esconde atrás de um discurso vago e evasivo. Transparência é parte da ética.

Uma boa terapia não avança no escuro – ela é acompanhada de monitoramento contínuo ao longo de todo o processo. Em cada sessão, de diferentes maneiras, o terapeuta busca avaliar se as intervenções estão surtindo efeito. Isso pode ser feito com o uso de instrumentos padronizados, mas também com registros do paciente e discussões abertas sobre o que está ou não funcionando. A pergunta central que guia esse acompanhamento é: o paciente está melhorando, piorando ou continua igual? O monitoramento do progresso permite ajustar o curso da terapia quando necessário – intensificando, reformulando ou modificando as intervenções – e dá ao paciente a chance de perceber, com mais nitidez, o que está acontecendo com ele.

Se tudo caminhar bem, vai se desenhando o fim do processo terapêutico. A alta não acontece de uma hora para outra. Ela é construída. Vai sendo sinalizada, conversada, planejada. Um bom momento para encerrar é quando os objetivos foram atingidos, os sintomas diminuíram, e o paciente demonstra ter desenvolvido recursos suficientes para lidar com as dificuldades de forma mais autônoma. Importante dizer: alta não significa que a pessoa nunca mais terá problemas. Significa que agora ela tem ferramentas para enfrentá-los. E que, se precisar, sabe que pode procurar ajuda novamente. Lembre-se: o objetivo nunca deve ser manter o paciente na terapia. O objetivo é que ele não precise mais dela.

E se o paciente não melhorar, não atingir seus objetivos, continuar em profundo sofrimento? Vou abordar esse assunto numa próxima carta, mas saiba desde já que um bom terapeuta escuta o *feedback*, revê o plano, adapta as estratégias. Muitas vezes, é nesse momento que a maturidade clínica se mostra: na capacidade de flexibilizar, reconhecer falhas, ajustar a rota. A boa terapia não é rígida – é responsiva. Se algo não está funcionando, o terapeuta precisa descobrir por quê. E há ainda um último ponto, que precisa ser dito com todas as letras: o bom terapeuta sabe quando encaminhar. Quando percebe que aquele caso exige outro tipo de intervenção (médica, social, jurídica, nutricional), ele não tenta segurar o paciente. Não o mantém por insegurança ou por medo de perder renda. Ele reconhece seus limites e age com responsabilidade.

Antes de encerrar, terapeuta e paciente revisam o percurso: o que melhorou, quais estratégias funcionaram melhor, quais aprendizados foram incorporados. Também se discute como lidar com possíveis recaídas, quais sinais de alerta merecem atenção, e o que fazer caso o sofrimento volte a aumentar. Essa fase é essencial para consolidar as mudanças – e reforçar a sensação de competência.

Ao final de tudo, o que fica não é só a lembrança de um processo com começo, meio e fim. Fica, sobretudo, a experiência de transformação. O paciente que chegou paralisado pela dor agora se movimenta. Fica, para ele, a experiência concreta de ter mudado. Não porque alguém disse o que fazer, mas porque aprendeu, dentro da terapia, a construir caminhos novos. A reconhecer padrões antigos e criar outros, mais alinhados com seus valores. A sair da repetição e assumir as rédeas da própria vida.

Para o terapeuta, fica o privilégio de ter acompanhado de perto esse processo. De ter escutado com seriedade e atuado com ciência. De ter visto alguém se reconstruir, passo a passo, com esforço, quedas, aprendizados e superações. É por isso que, embora a gente fale em "alta", a verdade é que um bom processo terapêutico não termina ali. Ele continua reverberando na vida do paciente: nas escolhas diárias, nas relações mais saudáveis, na capacidade de lidar com a dor sem se perder de si mesmo.

Querido amigo, se você chegou até aqui, espero que essa carta tenha te ajudado a entender, de forma concreta, como funciona uma boa psicoterapia. Ela não é um mistério reservado a poucos. Não é dom, nem instinto. É trabalho sério, sistemático, organizado, responsável. Se você decidiu ser psicólogo, que essa clareza te acompanhe – para que você também possa ajudar outras pessoas a escreverem novos começos, meios e finais em suas histórias.

Com esmero,

Jan Leonardi

Carta 12

Diagnóstico

Prezado colega, como vai? A essa altura, você já me viu cutucar umas feridas difíceis: o culto ao terapeuta iluminado, a ilusão da intuição clínica, o lugar da ciência na psicologia, a tensão entre técnica e subjetividade e os limites do nosso saber clínico. Hoje vou mexer em mais um vespeiro: o diagnóstico dos transtornos mentais.

Vamos começar do começo: transtornos mentais existem? Depende do que você chama de "existir". Se estiver procurando uma substância visível ao microscópio, talvez se decepcione. Transtornos mentais não são doenças como um tumor, que se extrai com bisturi. São padrões de funcionamento – de pensar, sentir e agir.

Uma pergunta fundamental: como definir o que é normal e o que é patológico em saúde mental? Quando a ansiedade diante de uma incerteza se transforma em um transtorno? Qual grau de limpeza ou organização caracteriza um transtorno obsessivo-compulsivo? Onde está a linha que separa o autocuidado do narcisismo? Até que ponto a timidez é apenas uma característica da personalidade – e quando ela faz parte de uma fobia social? O que separa uma criança agitada que está explorando o mundo de outra que tem TDAH?

Nesse debate sobre normalidade *versus* patologia, existem dois extremos que devemos evitar. De um lado, há quem argumente que transtornos mentais não existem – seriam apenas construções sociais criadas para rotular e controlar pessoas que desviam das normas estabelecidas. Argumenta-se que o conceito de transtorno mental é uma ficção socialmente construída, frequentemente utilizada como instrumento de controle social para marginalizar indivíduos cujos comportamentos são considerados indesejáveis.

No outro extremo, temos a patologização excessiva – a tendência de ver como transtorno mental comportamentos, pensamentos e emoções que fazem parte da diversidade humana. O perigo, aqui, é transformar em doença tudo o que é apenas variação da experiência humana. Porque sim, o sofrimento faz parte da vida – e nem todo sofrimento é patológico. O papel do clínico é justamente esse: distinguir o que é expressão legítima da existência daquilo que configura um transtorno mental. E isso, como você deve imaginar, está longe de ser simples.

Essa distinção entre o que é considerado normal e o que é definido como patológico tem desdobramentos clínicos, éticos e sociais profundos. Afinal, é com base nela que decidimos se um determinado funcionamento precisa de intervenção – seja medicação ou terapia. Mas as implicações vão muito além do consultório. Na esfera ética, por exemplo, definir alguém como portador de um transtorno mental pode afetar sua autonomia, influenciar decisões judiciais sobre responsabilidade penal ou guarda de filhos e até determinar se ela poderá ser internada involuntariamente. No campo das políticas públicas, essa distinção orienta a distribuição de recursos, a formulação de programas de prevenção e o acesso a benefícios previdenciários.

Dito isso, quais são os critérios que delimitam a psicopatologia? Vou te explicar, vem comigo. Um critério é o estatístico: se for muito raro, é anormal. Mas essa régua é falha: genialidade também é rara, e não é doença. Gripe é comum, e ainda assim é considerada uma doença. Outro critério é o sofrimento subjetivo, o que faz sentido, mas também apresenta problemas: há pessoas com transtornos graves que não se percebem doentes. Há o critério da disfunção – quando o funcionamento cotidiano da pessoa está comprometido, mas isso também tem exceções. Há quem funcione bem até demais, à custa de muito sofrimento. Outros critérios falam em perigo (para si ou para os outros), necessidade de tratamento, ou até desvantagem biológica (como prejuízo à longevidade ou à reprodução). Nenhum desses critérios, sozinho, é suficiente para caracterizar um transtorno mental. Mas quando somamos vários deles – sofrimento, disfunção, prejuízo, atipicidade, necessidade de ajuda – conseguimos uma ideia mais precisa do que chamamos de transtorno mental. Não é uma definição perfeita. É a melhor que temos até agora.

E é aqui que entra o DSM – o *Manual diagnóstico e estatístico de transtornos mentais*. O DSM é um sistema de classificação que organiza e descreve os diferentes tipos de transtornos mentais com base em conjuntos específicos de características, que envolvem tanto experiências subjetivas relatadas pelo paciente (como tristeza, sensação de vazio, pensamentos obsessivos, ansiedade intensa, culpa excessiva, dificuldade de concentração, medo de ser julgado, alucinações auditivas ou desejo de morrer) quanto comportamentos observáveis (agitação psicomotora, fala acelerada ou choro). Seu principal objetivo é orientar profissionais da saúde mental na identificação de padrões consistentes de sofrimento e disfunção, oferecendo uma linguagem comum entre clínicos e pesquisadores. O manual não busca explicar causas nem prescrever tratamentos, mas fornece um referencial confiável para avaliar se o quadro de uma pessoa corresponde a algum dos diagnósticos listados.

Todo sistema de classificação tem como objetivo nos ajudar a entender melhor a natureza, trazer ordem ao caos. Imagine que você percebe que "algo não está certo" com um amigo. O que exatamente isso significa? A enorme heterogeneidade do funcionamento humano torna necessário um sistema formal de organização. Você consegue entender, agora, por que diagnosticar é importante? Porque ajuda. Ajuda o paciente a entender o que está acontecendo. Ajuda o terapeuta a organizar o raciocínio clínico. Ajuda na escolha de intervenções baseadas em evidências. Ajuda no acesso a direitos previdenciários e assistenciais. E, muitas vezes, oferece alívio. Dar nome ao sofrimento pode ser o primeiro passo para enfrentá-lo. O diagnóstico não é o fim. É o começo. Diagnosticar não é reduzir o indivíduo a um rótulo. Ele não diz quem é a pessoa. Diz apenas o que está acontecendo com ela, em certo momento da vida, dentro de certo contexto, com certa intensidade.

Mas é claro que o diagnóstico não está livre de problemas. Na prática clínica, ele pode ser mal utilizado, mal compreendido ou até mal-intencionado. Há quem o use como sentença, e não como ponto de partida. Há quem se esconda atrás do diagnóstico para evitar a escuta singular. E há pacientes que passam a se definir por ele, como se a categoria diagnóstica resumisse tudo o que são – "eu sou *borderline*", "eu sou bipolar", "eu sou depressivo". Quando isso acontece, o diagnóstico deixa de ser ferramenta e vira identidade. E isso não ajuda ninguém.

Outros colegas se opõem ao diagnóstico por isso: acham que rotula, estigmatiza, desumaniza. E têm razão em parte – se for mal utilizado, o diagnóstico pode sim virar um carimbo. Mas o problema não está no ato de diagnosticar em si. Está no uso empobrecido, acrítico, descontextualizado que às vezes se faz dele. A alternativa, porém, não é abrir mão do diagnóstico, e sim aprender a usá-lo de forma ética, responsável e flexível. Porque o diagnóstico não substitui a escuta, não elimina a singularidade, não dá conta sozinho do que é essa pessoa à nossa frente. O diagnóstico é só uma parte da história.

E aqui quero te propor uma distinção importante: diagnóstico e formulação de caso são coisas diferentes – e complementares. O diagnóstico nomeia, classifica, agrupa sintomas em categorias. Já a formulação de caso tenta entender como e por que aquele sofrimento se instalou e se mantém naquela pessoa, naquele momento da vida. Enquanto o diagnóstico diz *o que* está acontecendo, a formulação busca compreender *por que* está acontecendo, *como* se articula com o funcionamento daquela pessoa e *quais* são os caminhos possíveis para mudança. Um bom clínico não escolhe entre um ou outro – usa os dois.

Dois pacientes com o mesmo diagnóstico – depressão, por exemplo – podem ter histórias de vida muito diferentes, causas distintas para o surgimento dos sintomas e mecanismos únicos que mantêm o problema ao longo do tempo. E é aí que a Prática Baseada em Evidências encontra sua essência: na aplicação do conhecimento científico ao caso único. O diagnóstico oferece um ponto de partida, mas é a formulação de caso que mostra o caminho.

Por isso, querido colega, não tenha medo do diagnóstico. E também não o idolatre. Ele é necessário, mas não suficiente. É útil, mas não infalível. O que importa é como você o utiliza: com escuta, com contexto, com ciência. No fim das contas, diagnosticar bem é um ato de responsabilidade clínica. É dar nome ao sofrimento, e a partir daí, construir caminhos de transformação. Lembre-se sempre: por trás de cada diagnóstico há um ser humano único, com história, valores, sonhos, perdas, vínculos, contradições e esperanças. Nossa tarefa como psicólogos é ver além do rótulo, compreender a pessoa em sua totalidade e ajudá-la a encontrar caminhos para uma vida mais plena.

Com atenção,

Jan Leonardi

Carta 13

E quando não funciona?

Olá! Espero que esteja bem. Depois de tudo o que eu já te contei (sofrimento, vínculo, objetivos, formulação de caso, técnicas, mudança), talvez pareça que, seguindo esses passos, a terapia sempre dará certo. Mas você e eu sabemos que não é bem assim. Por isso, hoje quero abordar um tema que, por mais desconfortável que seja, é parte essencial da nossa prática clínica: o que fazer quando a terapia não funciona?

Talvez você já tenha vivido essa experiência. Um paciente chega ao consultório, você conduz a avaliação inicial com cuidado, formula hipóteses, estabelece um plano terapêutico baseado nas melhores evidências disponíveis e inicia o tratamento com otimismo. Semanas se passam, depois meses, e... nada. Ou quase nada. O sofrimento persiste, os padrões disfuncionais continuam, os objetivos terapêuticos parecem distantes. A frustração começa a crescer – tanto no paciente quanto em você. E agora?

Você vai ouvir muita gente dizendo que é normal, que cada um tem seu tempo, que só o fato de o paciente não ter desistido já é um progresso. E, sim, isso pode ser verdade. Mas nem sempre é suficiente. Porque há casos em que o tempo passa e a vida do paciente não melhora em aspectos essenciais: ele continua se machucando, continua isolado, continua em pânico, continua tentando morrer. E você, ali, do lado de cá, escutando, acolhendo, propondo – mas sem ver mudanças reais acontecerem.

Nessas horas, é comum sentir frustração, impotência e culpa. Dá vontade de desistir. Ou, pior, dá vontade de colocar a culpa no paciente – dizer que ele é resistente, que não se compromete, que não quer mudar. Mas cuidado: isso é uma armadilha. Porque, antes de pensar que o paciente não está colaborando, a pergunta ética é: o que mais eu posso fazer?

Essa carta é um convite à humildade clínica. Um lembrete de que psicoterapia não é mágica, e que até os melhores profissionais do mundo enfrentam casos difíceis. Mas também é um convite à responsabilidade: quando não há progresso, alguma coisa precisa mudar. E essa mudança começa por nós.

O primeiro passo é reconhecer quando o tratamento não está funcionando. Parece óbvio, mas não é. Muitas vezes, continuamos no mesmo caminho por inércia, esperando que "mais do mesmo" eventualmente produza resultados. Ou então, interpretamos qualquer pequena melhora como sinal de que estamos no caminho certo, mesmo quando o quadro geral permanece praticamente inalterado.

O próximo passo é rever a formulação de caso. Sim, aquela mesma que você elaborou com esmero ao longo de várias sessões. Revisitar a formulação significa voltar aos dados brutos e questionar suas próprias hipóteses. Significa perguntar: "O que estou deixando passar? Que outras explicações poderiam dar conta desse quadro?" Talvez ela esteja incompleta. Talvez você tenha superestimado certos fatores ou ignorado outros. Talvez tenha partido de uma hipótese que parecia promissora, mas que não se confirmou na prática. A formulação de caso não é um documento fixo – é uma hipótese de trabalho. E toda hipótese deve ser revisada à luz dos resultados. Se a intervenção não está funcionando, talvez a explicação que você construiu não seja precisa o suficiente. Talvez o verdadeiro mantenedor do problema esteja em outro lugar.

Depois de rever a formulação, o passo seguinte é revisar o plano de tratamento. A intervenção proposta faz sentido para aquele caso? Está alinhada com os objetivos terapêuticos? Está sendo executada de forma adequada? Às vezes, a técnica é boa, mas está sendo aplicada cedo demais. Outras vezes, falta clareza sobre a lógica da intervenção – e o paciente a vivencia como algo aleatório, desconectado. E há situações em que escolhemos a técnica errada para o momento errado. A boa terapia exige precisão na escolha e no *timing* das intervenções. Se o tratamento não está surtindo efeito, talvez seja hora de mudar de estratégia. Mas mudar com método – com base na reformulação do caso e no monitoramento dos resultados.

Aliás, esse é outro ponto crucial: você está monitorando os resultados? Está avaliando, sessão após sessão, se há melhora, piora ou estagnação? Está usando instrumentos confiáveis, como escalas padronizadas, registros comportamentais, autorrelatos? Ou está confiando apenas na sua impressão subjetiva – que, como já vimos em cartas anteriores, é facilmente distorcida por vieses? Sem monitoramento, você não sabe se está ajudando. E, sem essa informação, você corre o risco de insistir em algo que não está funcionando. A literatura científica é clara: o uso sistemático de medidas de progresso está associado a melhores desfechos clínicos. Não é burocracia. É responsabilidade.

Outro ponto que merece atenção é a relação terapêutica. Você tem investigado se o paciente se sente acolhido, compreendido, respeitado? Se ele entende o plano de tratamento, concorda com os objetivos, sente que está participando das decisões? Rupturas na relação, mesmo sutis, podem destruir o processo terapêutico. Às vezes, o paciente não melhora porque se sente julgado, ou não compreende a lógica da intervenção, ou não confia em você e não tem coragem de dizer.

Além disso, avalie os comportamentos que interferem na terapia. O paciente está faltando com frequência? Chega atrasado? Esquece as tarefas? Evita temas importantes? Cancela sempre que o conteúdo se aprofunda? Esses sinais não são apenas "problemas logísticos" – são dados clínicos. Antes de continuar com o plano de tratamento, é preciso remover os obstáculos à própria existência da terapia. Isso inclui validar as dificuldades do paciente, identificar as funções desses comportamentos e desenvolver alternativas viáveis. Ignorar os comportamentos que interferem na terapia é permitir que a terapia fracasse silenciosamente.

Outro fator relevante: o paciente está enfrentando obstáculos externos de grande magnitude? Violência doméstica, pobreza extrema, abuso em curso, ausência de moradia, ausência completa de rede de apoio. Nessas condições, não há técnica terapêutica que dê conta sozinha. A psicoterapia precisa ser complementada com outras ações. Encaminhar para um serviço social, articular com rede de proteção, ativar recursos comunitários, envolver a família. Não dá para falar em "mudar crenças" quando o sujeito não tem onde dormir. Ajudar, nesse caso, é também reconhecer os limites da psicoterapia enquanto prática individual.

E se o problema não está na técnica, nem no vínculo, nem no contexto, pode ser hora de reavaliar o diagnóstico. Talvez você tenha deixado passar algo importante. Transtornos como bipolaridade, TEPT complexo, espectro do autismo, transtornos de personalidade ou quadros psicóticos leves podem passar despercebidos nas primeiras sessões. E, se não forem detectados, as intervenções podem ser ineficazes – não por serem ruins, mas por estarem direcionadas ao problema errado. Rever o diagnóstico não é sinal de fracasso, mas de maturidade clínica.

Ainda, pode ser necessário encaminhar para avaliação psiquiátrica. Se o sofrimento é intenso, se há risco iminente, se há prejuízo funcional grave, se os recursos internos do paciente estão muito comprometidos – a combinação entre psicoterapia e farmacoterapia pode ser o caminho mais eficaz. Encaminhar não é desistir. É ampliar o cuidado. E, muitas vezes, é isso que permite que a terapia funcione. Um paciente em surto não consegue participar da terapia. Um paciente com depressão grave pode precisar de medicação para ter energia suficiente para se engajar nas tarefas. Psicólogo e psiquiatra não são adversários – são aliados.

Outra possibilidade é encaminhar para outro terapeuta. Isso exige humildade. Mas há casos em que a relação não funciona, em que as abordagens não se encaixam, em que há impasses não resolvidos. Não é vergonha admitir isso. O que não é ético é manter o paciente por vaidade, por medo, por dinheiro. Encaminhar para outro profissional pode ser o maior ato de cuidado que você pode oferecer. E, às vezes, o paciente volta – mais forte, mais preparado, mais confiante.

Também pode ser o caso de reconhecer que o paciente não está pronto para mudar. Que ainda não vê o problema, que não quer ajuda, que foi forçado à terapia. Nesses casos, insistir na mudança pode gerar resistência. É hora de mudar a abordagem: usar entrevista motivacional para debater a ambivalência. Às vezes, o foco inicial não é a mudança comportamental, mas a construção da motivação para mudar. Ou aceitar que não é o momento, permitindo que o vínculo permaneça para que, um dia, talvez ele mesmo escolha voltar.

Por fim, nunca é demais lembrar: procure supervisão. Discuta o caso com alguém experiente. Às vezes, estamos tão imersos que não conseguimos ver o óbvio. Um olhar externo pode iluminar caminhos que não enxergamos. Eu mesmo, nas várias vezes em que me senti perdido, encontrei novas direções na escuta de um supervisor atento. Não é sinal de incompetência. É sinal de compromisso com o paciente.

Querido colega, eu sei o quanto é doloroso sentir que não estamos ajudando. Que todo o esforço, o estudo, a dedicação parecem insuficientes. Mas a boa notícia é que há muito o que pode ser feito. Atuar com Prática Baseada em Evidências não é garantia de sucesso – é garantia de responsabilidade. Quando algo não funciona, a gente não joga a culpa no paciente, nem se refugia em dogmas. A gente investiga, reformula, ajusta, aprende. E segue tentando.

No fim das contas, essa carta é um lembrete: mesmo quando parece que nada está funcionando, sempre há algo que pode ser feito. Às vezes, a mudança não está no paciente – está em nós.

Com coragem,

Jan Leonardi

Carta 14

Limites

Querido colega, se você chegou até aqui, já deve ter percebido o quanto a psicologia exige de nós. Escuta atenta, raciocínio clínico, precisão técnica, envolvimento humano, responsabilidade ética, letramento científico, familiaridade com a literatura teórica e empírica e o compromisso com o estudo contínuo. Não basta querer ajudar – é preciso saber como. Mas hoje quero te convidar a pensar sobre o outro lado desse ofício – aquele que não aparece nas fotos de congressos, nem nos certificados na parede. Quero falar dos nossos limites.

Sim, nós também temos limites. Pessoais, técnicos, emocionais e éticos. Aprender a reconhecê-los é uma das tarefas mais importantes – e mais negligenciadas – da nossa formação. Nós não damos conta de tudo. E não, não somos obrigados a dar conta.

Vamos começar pelos limites pessoais. Falo do cansaço que você não admite, da raiva que sente e engole, da tristeza que carrega, do medo de errar que paralisa. Falo das histórias dos pacientes que te lembram da sua. Dos temas que te atravessam mais do que gostaria. Daquela sensação de que está "pesado demais". O que fazer com isso? O primeiro passo é reconhecer. Dar nome ao que se sente. Identificar quando o mal-estar vem da sua própria história, da sobrecarga, da falta de descanso.

O segundo passo é criar canais para lidar com isso. Terapia pessoal não é um luxo para psicólogos – é ferramenta de trabalho. É na terapia que você começa a perceber o que se repete, o que te desequilibra, o que te esgota.

A supervisão também cumpre esse papel. Mas atenção: boa supervisão não é só sobre técnica – é sobre você também. É um espaço para se perguntar: "Por que esse caso me afeta tanto?", "O que estou sentindo aqui que talvez não seja só do paciente?", "Será que estou tentando salvar alguém que nem me pediu isso?"

Além disso, é preciso aprender a fazer pausas de verdade. Não é só descansar nas férias – é cultivar, ao longo do tempo, hábitos mínimos de autocuidado: sono regular, alimentação decente, atividade física, vida fora do consultório. E, principalmente, limites claros de disponibilidade emocional. Você não precisa responder mensagens de pacientes às 23h. Não precisa fazer malabarismo com a agenda para caber mais um horário. Não precisa ignorar os sinais do próprio corpo para manter a imagem de terapeuta forte, disponível e incansável.

Outro tipo de limite fundamental – e frequentemente mal compreendido – é o limite técnico. Ser um bom psicólogo não significa saber tudo e atender todo tipo de demanda. Pelo contrário: reconhecer as áreas em que ainda não se tem formação adequada é uma demonstração de responsabilidade clínica. Nenhum profissional, por mais experiente que seja, dá conta de todos os quadros clínicos. E isso não é um problema – é uma característica estrutural do nosso ofício. O campo da psicologia clínica é vasto e em constante atualização. É impossível – e, por isso, indesejável – pretender ser especialista em todos os temas. Ter humildade para dizer "esse caso está além do que posso oferecer neste momento" não é sinal de despreparo, mas de ética. É essa lucidez que permite ao terapeuta oferecer o melhor cuidado possível, ainda que isso signifique encaminhar o paciente para outro profissional mais capacitado para aquela demanda. É claro que isso não isenta ninguém do dever de continuar estudando, buscar supervisão e expandir suas competências. Mas o compromisso com a excelência começa pelo reconhecimento de que ninguém é excelente em tudo. E, nesses casos, o mais ético a se fazer é garantir que o paciente tenha acesso a alguém que esteja mais bem preparado para ajudá-lo. Isso não diminui o seu valor como terapeuta – pelo contrário, o fortalece.

Há também os limites da relação terapêutica. Um bom terapeuta sabe estabelecer fronteiras claras. Isso inclui horários, formas de contato, honorários, duração das sessões. Mas também inclui aspectos mais sutis. Você não é amigo, parceiro, tutor, pai ou mãe do paciente. Você é terapeuta. E é por ocupar esse lugar que pode ajudar. O vínculo é essencial, mas ele precisa ser protegido por limites. Sem isso, o risco de envolvimento excessivo, dependência ou transgressões éticas aumenta consideravelmente. A literatura científica é clara: relações terapêuticas mal delimitadas comprometem o processo de mudança e aumentam o risco de danos, tanto ao terapeuta quanto ao paciente. O *setting* precisa ser firme e acolhedor ao mesmo tempo.

Outro tipo de limite que você vai encontrar – e que talvez seja o mais difícil de aceitar – é o da própria eficácia da psicoterapia. Sim, a psicoterapia funciona, mas isso não significa que funcione sempre, para todos, em qualquer contexto. Há casos em que, mesmo com planejamento cuidadoso, vínculo estabelecido e técnicas bem aplicadas, o progresso é mínimo. Às vezes o paciente não se engaja no processo, não realiza as tarefas, não comparece às sessões. Outras vezes, ele até se dedica – mas a mudança não vem. Há também realidades sociais que impõem barreiras quase intransponíveis. Nessas condições, esperar que o consultório resolva tudo é uma fantasia. A psicoterapia tem limites. O papel do terapeuta, nesses casos, é tão importante quanto o da terapia em si: reconhecer as barreiras, trabalhar com o que é possível, articular redes de apoio, promover pequenas mudanças significativas dentro do que a realidade permite. Ter consciência desses limites não é se conformar – é manter a lucidez. E, quando necessário, admitir que a melhor ajuda naquele momento talvez não venha apenas da psicoterapia, mas de políticas públicas, intervenção psiquiátrica, suporte jurídico, ou cuidado social integrado.

Talvez você, ao ler tudo isso, esteja se perguntando: e o que eu faço, então, com esses limites? Como lidar com eles?

A primeira resposta é: reconheça. Nomeie. Dê forma. O limite que não é reconhecido vira erro. O que é nomeado vira escolha. Se você percebe que está sobrecarregado, fale disso em terapia e/ou supervisão. Se percebe que está atendendo um caso para o qual não tem formação, busque capacitação – ou encaminhe. Se percebe que está se envolvendo demais com um paciente, reflita sobre isso, ajuste o contrato terapêutico, redimensione a relação. Se sente que o processo não está funcionando, pare, revise, peça ajuda. Não finja que está tudo bem. A negação é o pior dos manejos.

A segunda resposta é: aceite. Não com resignação, mas com responsabilidade. Limites não são falhas. São parte da realidade. O psicólogo que reconhece seus limites não é fraco. É lúcido. É ético. É sábio. É alguém que sabe que ajudar não é o mesmo que resolver tudo. Que escuta não é o mesmo que salvar. Que o cuidado tem bordas – e que essas bordas protegem tanto o paciente quanto o terapeuta.

E a terceira resposta é: cuide de si. Não adianta dominar técnicas se você está à beira do colapso. Não adianta conhecer os melhores protocolos se você está exausto ou anestesiado. O cuidado que oferecemos aos pacientes começa pelo cuidado que temos conosco. A literatura é clara: quem cuida, precisa ser cuidado.

Querido colega, essa carta não é para te desanimar. É para te lembrar que não existe terapeuta onipotente. Porque o que nos torna humanos – e terapeutas – é o reconhecimento de que somos limitados. Nosso poder está em ajudar com o que sabemos, com o que temos, com o que é possível. E, quando isso não basta, saber parar. Saber pedir ajuda. Saber passar a vez. Saber descansar. E, com isso, poder continuar.

Com respeito,

Jan Leonardi

Carta 15

Sobre o suicídio

Caro colega, a essa altura da nossa conversa, talvez você já tenha se perguntado sobre as situações mais difíceis da nossa profissão. Hoje quero falar com você sobre aquela que, para mim, é uma das mais delicadas e temidas: o risco de suicídio. Esse tema que carrega consigo um peso imenso, não apenas para o paciente, mas também para nós, profissionais, que nos vemos diante da responsabilidade de acolher uma dor tão profunda.

Entre todas as inquietações que atravessam a nossa clínica, talvez nenhuma desperte tanto medo quanto a possibilidade de um paciente se matar. Caso você não tenha passado por isso ainda, saiba que, mais cedo ou mais tarde, alguém se sentará à sua frente e dirá, com a serenidade que só a exaustão permite, que pensa em morrer todos os dias. Quando essa frase ecoa no consultório, as paredes encolhem, o ar rarefaz, e toda a nossa formação parece miúda diante da intensidade dessa possibilidade.

Pesquisas mostram que, ao longo da carreira, entre 20% e 25% dos psicólogos perdem ao menos um paciente por suicídio. Entre psiquiatras, esse número chega a 50%. Ninguém entra nessa profissão esperando a notícia de que um paciente tirou a própria vida, mas essa é uma realidade da nossa prática. Quanto mais cedo aceitarmos sua existência, mais preparados estaremos para enfrentá-la com responsabilidade. Aceitar não significa desistir ou se resignar, mas sim reconhecer que, em alguns casos, a dor pode ser maior do que os recursos disponíveis no momento. Mesmo com todos os nossos esforços, nem sempre poderemos impedir uma perda. E, ainda assim, podemos ser úteis. Podemos fazer diferença.

Como profissionais, temos a responsabilidade de falar sobre o suicídio com seriedade, sensibilidade e responsabilidade. Isso inclui evitar termos sensacionalistas, não romantizar o suicídio e nunca usar expressões como "cometeu suicídio" – "cometer" é um verbo com conotação criminal. Outro ponto crucial é nunca descrever métodos usados, pois isso pode gerar o chamado "efeito contágio" e ampliar o repertório de risco. Nosso foco, portanto, deve ser orientar sobre estratégias de prevenção e tratamento.

Então, como lidar com a possibilidade de suicídio? Como continuar trabalhando com alguém que te diz, olhando nos seus olhos, que pensa em morrer todos os dias?

Primeiro, é fundamental compreender que o suicídio não é fruto do acaso nem consequência de um único fator isolado. Trata-se de um fenômeno complexo, resultante da interação entre múltiplas dimensões – biológicas, psicológicas, sociais e culturais – que se entrelaçam de forma única em cada pessoa. O comportamento suicida frequentemente emerge como resposta a uma dor intensa vivida como insuportável e sem perspectiva de alívio. Essa dor pode ser emocional, física ou social, e se torna perigosa quando acompanhada por uma sensação profunda de desesperança. Nessas condições, o indivíduo pode se sentir derrotado, aprisionado em uma realidade percebida como inescapável, ao mesmo tempo em que se vê desconectado das relações humanas significativas e convencido de que sua presença é um fardo para os outros. Quando esse conjunto de fatores se prolonga ou se intensifica, o risco de transição do desejo de morte para a ação aumenta, especialmente se a pessoa tiver desenvolvido, ao longo da vida, certa familiaridade com a dor ou com situações que reduzem o medo da morte.

Segundo, aprenda a suportar a ambivalência. O desejo de morrer raramente é absoluto – ele quase sempre convive com algum desejo de continuar vivo. Essa ambivalência é uma janela de oportunidade, um espaço onde a intervenção pode fazer diferença. Identificar razões para viver – um filho pequeno, um projeto inacabado, a lembrança de uma viagem, o cachorro que late na porta – pode soar trivial para olhos apressados, mas dentro da lógica do desespero esses lampejos de sentido contam – e muito. São faróis em meio à escuridão, e cabe a você ajudar o paciente a enxergá-los.

Terceiro, aprenda a identificar sinais de alerta. A comunicação suicida nem sempre é direta; muitas vezes, vem disfarçada de metáforas ou mudanças sutis no comportamento. Frases como "não vejo mais sentido na vida", "queria sumir do mundo" ou "se eu pudesse dormir e não acordar mais" devem ser levadas a sério. Nessas horas, nossa escuta precisa ser ativa, empática, respeitosa e sem julgamentos. Observe aquele paciente que se despede de forma diferente. Que parece calmo demais depois de semanas de desespero. Que começa a "colocar tudo em ordem" como se algo estivesse para acontecer. Esses são indícios de que a ideação suicida pode estar se tornando mais concreta.

Quarto, aprenda também que falar abertamente sobre pensamentos suicidas não induz ninguém ao ato; ao contrário, abre espaço para que o paciente fale sobre o que é carregado em silêncio. O tabu em torno do assunto só aumenta o isolamento do paciente, enquanto a escuta atenta pode ser o primeiro passo para aliviar o peso daquela dor. Não é raro ouvir: "Você é a primeira pessoa com quem falo disso." Esse momento de abertura pode marcar o início de uma relação diferente com a vida. Mas atenção: para que essa escuta seja útil, ela precisa ser ativa, empática, respeitosa e desprovida de julgamento. Evite dizer coisas como "pense positivo" ou "você tem tantos motivos para viver". Frases como essas, apesar da intenção de consolar, muitas vezes aumentam a dor ao invalidar o sofrimento. Com o tempo, você descobre que dá para abraçar o desespero sem alimentar a desesperança e validar a dor sem concordar com o fim da vida. Essa é uma das lições mais difíceis e mais bonitas da nossa profissão: conseguir segurar a mão de alguém no abismo sem ser puxado para dentro. Perguntas diretas como "Você tem pensado em acabar com a sua vida?" ou "A sua dor está tão grande que morrer parece uma saída?" podem ser salvadoras. E lembre-se: jamais minimize, silencie ou invalide o que o outro está sentindo.

Quinto, aprenda habilidades clínicas para manejar comportamento suicida. Você precisa saber o que fazer diante de uma crise, como construir um plano de segurança com o paciente e quando é hora de envolver a família ou sugerir internação psiquiátrica. Pode parecer pesado agora, mas esse conhecimento salva vidas. E, um dia, você vai ver que estar preparado faz toda a diferença.

Quando há risco iminente, agir é urgente. Não deixe a pessoa sozinha. Garanta que ela esteja em um ambiente seguro e que receba o suporte necessário, seja por meio de familiares, internação hospitalar ou início imediato de tratamento. Também é fundamental indicar recursos de ajuda, como o CVV (no telefone 188), serviços de emergência, centros de atendimento gratuito e profissionais capacitados.

Bom, agora chegamos ao ponto que talvez mais te angustie: e se, apesar de todo o seu esforço, você perder um paciente por suicídio? Essa é uma pergunta que assombra muitos de nós, e a resposta nunca é simples. Quando decidi me especializar no atendimento a pacientes com alto risco de suicídio, tive que fazer as pazes com essa possibilidade. Não foi fácil. Passei noites em claro temendo receber aquela ligação que nenhum terapeuta quer receber. Mas percebi que, se eu não aceitasse essa realidade, não conseguiria estar presente para aqueles que precisavam de mim. O medo do fracasso pode nos paralisar, mas também pode nos lembrar da importância do que fazemos.

Saiba, desde já, que a morte por suicídio de um paciente leva também um pedaço do terapeuta que cuidava dele. Vêm a culpa, o luto, a exaustão. Vem o silêncio dos colegas, o medo de julgamento e a dúvida sobre seguir na profissão. Por isso, quero te dizer, com todas as letras: se um dia isso acontecer com você, você vai precisar de cuidado. De acolhimento. De supervisão. De alguém que te escute, que te ajude a organizar os pensamentos, que te diga que você fez o melhor que podia. Você vai precisar de tempo para elaborar essa perda, e de permissão para sentir o que vier: tristeza, raiva, alívio, confusão. Lembre-se de que viver o luto é parte da condição humana de quem se dedica a acompanhar pessoas em extremos de sofrimento.

E nunca se esqueça: boas intenções não são suficientes. Precisamos de capacitação técnica, conhecimento científico e supervisão constante. Vidas dependem da qualidade do nosso trabalho.

Com empatia,

Jan Leonardi

Seção 3
Recursos

Carta 16

Livros

Querido colega, se você chegou até aqui, imagino que já esteja comprometido com a ideia de oferecer aos seus pacientes o melhor que a psicologia pode proporcionar. Agora é hora de falar sobre uma pergunta que eu já recebi centenas de vezes nas minhas redes sociais: "O que eu preciso estudar para me tornar um bom psicólogo clínico?"

A resposta não cabe numa fórmula única. Mas existe um caminho confiável. E esse caminho passa por livros. Em meio a tanta informação solta na internet, cursos genéricos e modismos terapêuticos, os livros continuam sendo um dos melhores instrumentos de formação. E não estou falando de qualquer livro: falo de obras escritas por especialistas sérios, com base em evidências científicas, voltadas para o desenvolvimento real de competências clínicas.

A seguir, quero compartilhar com você alguns desses livros. Não é uma lista para ser lida de uma vez só. É um mapa para a construção do seu repertório clínico. Inclusive, recomendo a leitura na ordem em que os livros são apresentados, pois cada um tem um propósito específico e oferece algo fundamental para sua prática clínica. Vamos a eles?

O primeiro deles, claro, é aquele que escrevi com um time que admiro: *Prática baseada em evidências em psicologia clínica: fundamentos teóricos, questões metodológicas e diretrizes para implementação,* publicado pela editora Manole. É um livro que tenta dar conta do que mais faz falta na formação de muitos psicólogos: entender, com clareza e profundidade, o que significa trabalhar de forma científica e ética na clínica. Logo na primeira parte, discutimos os fundamentos: o que é (e o que não é) PBE, como ela se diferencia de práticas baseadas apenas em modelos teóricos ou na intuição clínica, o papel da teoria e da integração, a importância da cultura científica na psicologia, os riscos das pseudociências e os efeitos adversos pouco discutidos das psicoterapias. Na segunda parte, entramos nas questões metodológicas – muitas vezes ignoradas ou mal compreendidas. Falamos sobre os alcances e limites dos estudos de caso, dos delineamentos de caso único, dos ensaios clínicos randomizados, das revisões sistemáticas e metanálises, e da estatística que de fato importa para o raciocínio clínico. Tudo isso pensado para quem quer usar ciência de verdade no consultório, sem perder a sensibilidade. A terceira parte é voltada à implementação na prática cotidiana. Discutimos desde como buscar evidências nas bases de dados, até temas mais recentes como sensibilidade cultural, ciência da implementação, supervisão clínica baseada em evidências e, finalmente, um passo a passo de como transformar tudo isso em ação concreta com seus pacientes. É um livro que tenta unir rigor e aplicabilidade, teoria e prática, ciência e cuidado – com a esperança de ajudar psicólogos a fazerem diferença real na vida das pessoas.

Antes de intervir, é preciso saber ouvir. E a escuta clínica começa pela entrevista inicial. Para isso, recomendo dois livros de James Morrison: *Entrevista inicial em saúde mental* e *Diagnóstico descomplicado: princípios e técnicas para clínicos de saúde mental*, ambos publicados pela Artmed. Morrison tem a rara habilidade de ensinar com clareza, leveza e, ao mesmo tempo, profundidade. No primeiro livro, Morrison guia o leitor pelas etapas da entrevista clínica. Ele mostra como acolher a queixa principal, como abordar temas sensíveis, como conduzir o exame do estado mental e como comunicar observações de maneira respeitosa, tanto ao paciente quanto a outros profissionais. Os capítulos cobrem ainda situações desafiadoras, como lidar com resistência, entrevistar informantes e adaptar a escuta para pacientes com comportamentos difíceis. Já em *Diagnóstico descomplicado*, ele apresenta uma estrutura lógica e acessível para formular hipóteses diagnósticas. O livro começa com os fundamentos – como reunir informações relevantes, lidar com a incerteza e organizar diagnósticos múltiplos – e segue para aplicações práticas, com capítulos dedicados a categorias específicas, como depressão, ansiedade, psicoses, transtornos por uso de substâncias, alimentares, de personalidade e muito mais. Inclui ainda discussões fundamentais sobre adesão, risco de suicídio e violência. Essas duas obras se complementam: uma ensina a escutar e compreender, a outra ensina a organizar e pensar. Ambas são leituras indispensáveis para quem deseja trabalhar com rigor, empatia e responsabilidade na avaliação clínica.

A avaliação não termina na entrevista. Muitas vezes, ela é complementada por instrumentos padronizados – questionários, escalas, *checklists*. E, nesse ponto, *Instrumentos de avaliação em saúde mental*, de Gorenstein, Wang e colaboradores, também da Artmed, é leitura indispensável. O livro apresenta uma ampla variedade de instrumentos validados e disponíveis no Brasil, cobrindo desde os fundamentos da mensuração e da psicometria até a avaliação de sintomas específicos. São capítulos inteiros dedicados à escolha e aplicação de escalas para depressão, mania, ansiedade, psicose, uso de substâncias, impulsividade, comportamento alimentar, saúde mental de crianças e idosos, e até medidas de qualidade de vida e funcionalidade. Além de apresentar os instrumentos, o livro ensina como aplicar, corrigir e interpretar os resultados de maneira técnica e contextualizada, evitando interpretações simplistas ou enviesadas. Isso permite que o terapeuta deixe de lado o "achismo" e passe a mensurar o sofrimento com maior precisão, embasando melhor suas hipóteses clínicas e decisões terapêuticas. É uma obra essencial para quem quer fazer uma avaliação rigorosa, sensível e útil para o planejamento do tratamento.

Mas saber escutar e avaliar não basta. É preciso construir vínculo. E aqui entra um livro que considero uma joia. *The therapeutic relationship in cognitive-behavioral therapy: a clinician's guide*, de Kazantzis, Dattilio e Dobson. O livro mostra como fatores relacionais empiricamente sustentados – como empatia, colaboração e diálogo socrático – podem ser usados para melhorar os resultados clínicos. E o que mais impressiona é a forma prática como isso é feito: são recomendações clínicas claras, exemplos de casos reais e exercícios de autorreflexão para o terapeuta desenvolver suas próprias competências relacionais. A obra também oferece diretrizes sobre como decidir, com base na formulação de caso, se e quando as questões da relação devem ser abordadas como foco de intervenção. Ensina o que fazer, como fazer e até como lidar com as reações emocionais do próprio terapeuta durante a sessão – algo que muitos livros ignoram. E mais: há capítulos dedicados ao manejo da relação terapêutica em contextos específicos, como terapia com casais, famílias, grupos, crianças e adolescentes. É um livro em inglês, mas que vale cada página. Porque, no fim, não basta saber o que fazer – é preciso saber como fazer isso com gente de verdade, em tempo real, diante da complexidade viva de uma relação clínica. Outro bom livro sobre isso é *A relação terapêutica nas terapias cognitivo-comportamentais*, de Kristensen e Kristensen, da Artmed. Na primeira parte, o livro apresenta os fundamentos teóricos da relação terapêutica, abordando desde os elementos transteóricos que sustentam essa dimensão até o papel da pessoa do terapeuta e a importância da avaliação contínua da aliança.

Nem sempre o paciente chega pronto para mudar. Muitos estão ambivalentes, inseguros, obrigados – e é por isso que a entrevista motivacional é uma ferramenta que todo clínico deveria dominar. O melhor guia sobre o tema, na minha opinião, é *Entrevista motivacional no cuidado da saúde: ajudando pacientes a mudar o comportamento*, de Rollnick, Miller e Butler, publicado pela Artmed. O livro ensina, de forma didática e acessível, como ajudar alguém a sair da indecisão sem empurrar, sem confrontar, sem julgar. Na primeira parte, os autores apresentam os fundamentos da entrevista motivacional, discutindo sua base científica, os processos de mudança e a sua integração com a prática clínica em saúde. Em seguida, aprofundam as habilidades essenciais que o profissional precisa desenvolver: fazer perguntas abertas, escutar com atenção verdadeira e informar com sensibilidade – sempre respeitando o tempo e os valores do paciente. A terceira parte do livro mostra como aplicar essas habilidades em situações concretas, com exemplos de casos clínicos e estratégias para orientar melhor, mesmo fora do ambiente tradicional da consulta. Ao final, traz ainda mapas conceituais e materiais de apoio que ajudam o profissional a organizar sua prática com mais segurança. É uma leitura essencial para quem deseja construir uma relação colaborativa e promover mudanças reais – com ética, com escuta e com respeito à autonomia do outro.

Uma vez estabelecida a relação terapêutica e compreendida a demanda do paciente, chega o momento de organizar o raciocínio diagnóstico. E, nesse ponto, é imprescindível conhecer o *Manual diagnóstico e estatístico de transtornos mentais – DSM-5-TR*, publicado pela American Psychiatric Association e traduzido no Brasil pela Artmed. Trata-se do principal sistema classificatório utilizado internacionalmente na saúde mental, servindo como base para comunicação entre profissionais, condução de pesquisas, definição de políticas públicas e, claro, estruturação de planos de tratamento.

O *DSM-5-TR* apresenta critérios diagnósticos para uma ampla gama de transtornos mentais, organizados por categorias clínicas, como transtornos do neurodesenvolvimento, transtornos psicóticos, transtornos depressivos, transtornos de ansiedade, transtornos relacionados a trauma, transtornos alimentares, transtornos da personalidade, entre outros. Também oferece códigos específicos, critérios de exclusão, notas de gravidade e orientações sobre curso e comorbidades. Mas atenção: como já escrevi em outra carta, o *DSM* é útil, mas não é suficiente. Ele classifica, mas não explica. É uma ferramenta de categorização, não de compreensão. Por isso, o diagnóstico deve ser sempre complementado por uma formulação de caso – aquela que busca entender não apenas "o que" a pessoa tem, mas "como" e "por que" aquele sofrimento se organiza daquela forma, naquele contexto, com aquela história.

Só depois de ouvir, avaliar, diagnosticar (se for caso) é que o terapeuta está de fato pronto para formular o caso. E, para isso, o melhor material que conheço é o *Psychotherapy case formulation*, de Tracy Eells. O livro apresenta um modelo integrativo, baseado em evidências, que ajuda o clínico a organizar seu raciocínio de forma sistemática e criteriosa. Na primeira parte, o autor discute os fundamentos da formulação clínica e aborda a importância da tomada de decisão fundamentada, da sensibilidade cultural e da integração entre abordagens psicoterápicas. Na segunda parte, ele apresenta um modelo passo a passo: começa pela construção de uma lista de problemas, passa pelo diagnóstico, propõe o desenvolvimento de uma hipótese explicativa e culmina no planejamento do tratamento. O modelo é claro, adaptável a diferentes orientações teóricas e aplicável, tanto em casos simples quanto em quadros complexos. O livro ainda oferece critérios para avaliar a qualidade da formulação construída.

É essencial que o paciente compreenda o que está vivendo. Para isso, a psicoeducação é uma ferramenta indispensável. Ela permite traduzir conceitos clínicos em uma linguagem acessível, fortalecendo a aliança terapêutica, favorecendo a adesão ao tratamento e tornando todo o processo mais claro. *Psicoeducação em terapia cognitivo-comportamental*, de Carvalho, Malagris e Rangé (editora Sinopsys), é uma obra fundamental para quem deseja aprender a explicar ao paciente, de maneira clara e acessível, o que são seus sintomas, por que eles acontecem, como se mantêm e o que pode ser feito a respeito. Psicoeducar é ajudar o paciente a entender os padrões que sustentam seu sofrimento, dar nomes ao que sente, desfazer confusões e criar, juntos, uma narrativa mais organizada sobre sua experiência. O livro abrange uma ampla gama de temas encontrados na prática clínica: transtornos de ansiedade, depressão, esquizofrenia, uso de substâncias, disfunções sexuais, tabagismo, além de condições médicas como hipertensão, diabetes, câncer, fibromialgia, doenças dermatológicas e estresse.

Com a formulação do caso em mãos, o próximo passo é selecionar intervenções baseadas em evidências. Uma excelente porta de entrada é a terapia cognitivo-comportamental (TCC). Para isso, recomendo iniciar com o livro *Terapia cognitivo-comportamental: teoria e prática*, de Judith Beck, publicado pela Artmed, que apresenta de forma sistemática todos os elementos centrais da TCC. Cada capítulo é construído com foco prático e exemplos clínicos, facilitando a aplicação imediata do conteúdo na clínica. Se você gosta de recursos visuais e explicações passo a passo, recomendo *Aprendendo a terapia cognitivo-comportamental: um guia ilustrado*, de Wright, Brown, Thase e Basco, da Artmed. Este livro é especialmente útil para quem está no início da formação clínica. Ele apresenta os princípios fundamentais da TCC de forma acessível, combinando linguagem clara com ilustrações que facilitam a compreensão. Ao longo dos capítulos, o leitor é guiado por tópicos essenciais como avaliação e formulação de caso, estruturação das sessões, estratégias para trabalhar pensamentos automáticos e modificar esquemas, além de técnicas comportamentais para melhorar o humor, reduzir a ansiedade e lidar com problemas complexos.

Para quem já domina o básico da TCC e deseja se aprofundar em técnicas mais refinadas e abordagens integrativas, recomendo *Inovações em terapia cognitivo-comportamental*, de Amy Wenzel (Artmed). A obra oferece uma atualização sólida e baseada em evidências das intervenções cognitivas e comportamentais, contemplando desde a evolução histórica da TCC até os avanços mais recentes. Os capítulos abordam temas fundamentais como entrevista motivacional, formulação de caso, reestruturação de pensamentos automáticos e crenças, ativação comportamental, exposição, manejo do afeto, aceitação e *mindfulness*. O livro também apresenta uma reflexão crítica sobre a prática contemporânea da TCC, promovendo uma visão integrada que dialoga com as terapias de terceira onda, sem perder o rigor técnico e a clareza metodológica. É leitura essencial para terapeutas que desejam ampliar seu repertório clínico e refinar sua atuação.

Para ampliar seu repertório, recomendo explorar a terapia comportamental dialética (DBT). Uma boa está em *Aplicando a terapia comportamental dialética: um guia prático*, de Kelly Koerner, publicado pela Sinopsys. O livro oferece uma visão integrada dos princípios fundamentais da DBT, combinando teoria, formulação de caso e tomada de decisão clínica com foco na realidade do consultório. Na sequência, aprofunde-se no ensino estruturado de habilidades socioemocionais, e o manual *Treinamento de habilidades em DBT*, de Marsha M. Linehan, publicado pela Artmed, é o principal guia para isso. A obra cobre de forma didática e completa habilidades de *mindfulness*, regulação emocional, tolerância ao mal-estar e efetividade interpessoal. Para quem busca aplicar a DBT em diferentes contextos clínicos, populacionais e institucionais, a coletânea *Terapia comportamental dialética na prática clínica*, organizada por Linda A. Dimeff, Shireen L. Rizvi e Kelly Koerner, também da Artmed, é leitura indispensável. O livro apresenta a implementação da DBT em ambulatórios, escolas, centros de aconselhamento universitário, sistemas de justiça juvenil e em populações diversas, como adolescentes, famílias, pessoas com transtorno por uso de substâncias, transtorno de estresse pós-traumático, transtornos alimentares e muitos outros.

Recomendo ainda duas obras fundamentais da terapia de aceitação e compromisso (ACT). A primeira é *Terapia de aceitação e compromisso: o processo e a prática da mudança consciente*, de Steven C. Hayes, Kirk D. Strosahl e Kelly G. Wilson, publicada pela Artmed, que apresenta os seis processos centrais da flexibilidade psicológica e suas aplicações práticas na clínica. A segunda é *Experimentando a terapia de aceitação e compromisso de dentro para fora: um manual de autoprática/autorreflexão para terapeutas*, de Dennis Tirch, Laura R. Silberstein-Tirch, R. Trent Codd III, Martin J. Brock e M. Joann Wright, também publicada pela Artmed. Este manual inovador propõe um programa estruturado de autoprática e autorreflexão voltado a terapeutas. Organizado em módulos que seguem os processos da ACT – como desfusão, aceitação, valores, ação de compromisso e contato com o momento presente – o livro oferece uma jornada vivencial que favorece o desenvolvimento da consciência terapêutica e do autoconhecimento. É leitura essencial para quem deseja não apenas aplicar a ACT como terapeuta, mas vivenciá-la.

Quer ir mais longe? Então conheça o livro que talvez represente o futuro da psicoterapia: *Aprendendo a terapia baseada em processos*, de Stefan G. Hofmann, Steven C. Hayes e David M. Lorscheid, publicado pela Artmed.

A proposta da obra é ambiciosa e necessária: abandonar o foco exclusivo em categorias diagnósticas e passar a trabalhar com os processos transdiagnósticos que sustentam o sofrimento humano – como esquiva experiencial, impulsividade, rigidez cognitiva, déficit de regulação emocional, entre outros. É um livro denso, desafiador – e transformador.

Com o núcleo da prática montado, vale investir no aprofundamento de situações clínicas específicas. Em contextos de urgência, uma leitura essencial é *Estratégias cognitivo-comportamentais de intervenção em situações de crise*, de Frank M. Dattilio, Deborah C. Shapiro e Lusia Stopa Greenaway, publicado pela Artmed. O livro ensina, de maneira clara e fundamentada, como agir diante de crises agudas – desde tentativas de suicídio e surtos psicóticos até catástrofes, hospitalização involuntária, violência familiar e intervenções com profissionais da segurança pública.

Para aprofundar no manejo do risco suicida, sugiro *Crise suicida: avaliação e manejo*, de Neury José Botega, publicado pela Artmed. Referência nacional no tema, o livro apresenta um panorama completo e atualizado sobre as atitudes clínicas diante da crise suicida, a magnitude do problema, os fatores de risco e os transtornos mentais frequentemente associados. Com linguagem clara e fundamentação sólida, Botega guia o leitor pelos principais passos da avaliação do risco suicida, incluindo as primeiras providências, estratégias de estabilização e psicoterapia de crise. O conteúdo vai além da intervenção imediata: aborda também o cuidado contínuo, os aspectos legais envolvidos, medidas de prevenção e orientações específicas para lidar com o impacto de um suicídio consumado – tanto para os familiares quanto para os profissionais envolvidos. É uma leitura essencial para quem atua na linha de frente do sofrimento psíquico intenso e precisa tomar decisões rápidas, éticas e eficazes diante de situações críticas.

Além disso, você vai querer se aprofundar no tratamento de determinados transtornos mentais. A editora Artmed tem se consolidado como uma das principais referências na publicação de manuais clínicos voltados para a intervenção baseada em evidências em diferentes quadros clínicos. Há livros específicos para o tratamento de transtorno de estresse pós-traumático, transtorno obsessivo-compulsivo, transtorno depressivo maior, transtorno de déficit de atenção/hiperatividade, transtorno de ansiedade generalizada, transtorno bipolar, transtorno da personalidade *borderline*, transtorno de pânico, transtorno por uso de substâncias, compulsão alimentar, entre outros

– todos escritos por autores com ampla experiência clínica e fundamentação científica sólida. Esses livros apresentam o raciocínio clínico, estratégias terapêuticas detalhadas e exemplos de casos que ajudam o terapeuta a tomar decisões mais embasadas no atendimento de casos complexos.

Bom, dito isso, quero que compreenda a diferença entre livros técnicos e artigos científicos. Os livros, como esses que estou te recomendando aqui, servem para transmitir conhecimento já consolidado: fundamentos teóricos, conceitos básicos, estratégias de intervenção que amadureceram com o tempo. Neles você encontra o "arroz-com-feijão" que precisa dominar para atender bem. Já os artigos científicos têm outro propósito: comunicar novas descobertas. Eles mostram resultados de pesquisas específicas, atualizam o conhecimento e abrem caminho para novas perguntas. Na prática, isso significa que, primeiro, você precisa ler livros – para aprender o que já é sabido. Depois, conforme for crescendo na profissão, é que vai fazer mais sentido ler os artigos, para acompanhar os avanços, entender melhor certas questões e te ajudar a tomar decisões ainda melhores. Livros e artigos não competem — eles se complementam. E, se você usar bem os dois, seu repertório clínico vai crescer muito.

Querido colega, eu sei que te indiquei muitos livros. São milhares de páginas para estudar. E, naturalmente, a lista nunca será definitiva. À medida que a ciência avança e novas obras são publicadas, outras leituras importantes podem surgir e algumas referências podem se tornar desatualizadas. Você não precisa ler todos agora. Apenas comece. Leia um. Depois outro. Aos poucos, essas obras deixarão de ser só leitura – vão virar raciocínio clínico e repertório terapêutico. O essencial é manter a busca constante por fontes sólidas, críticas e atualizadas, sem nunca se acomodar. Quando alguém se sentar à sua frente em sofrimento, o que vai te sustentar não será a intuição nem a tradição. Vai ser o que você estudou. O que você leu, refletiu, praticou.

Cada um desses livros é uma peça do quebra-cabeça que forma um psicólogo clínico de excelência. Te prometo: vale a pena.

Com entusiasmo,

Jan Leonardi

Carta 17

Conteúdo gratuito (e precioso)

Prezado colega, depois dos livros, chegou a hora de conversar sobre outra fonte fundamental de formação: o conteúdo gratuito de qualidade que circula pela internet. Aliás, uma parte significativa da minha própria formação clínica continuada nos últimos anos aconteceu assim – em *podcasts*, *lives*, vídeos e postagens de especialistas que admiro. Vivemos em uma era privilegiada, em que alguns dos melhores profissionais da área estão compartilhando seu conhecimento de forma aberta e acessível, sem cobrar nada por isso.

No entanto, é preciso navegar com cuidado. A internet democratizou o acesso ao conhecimento, mas também amplificou a circulação de bobagens e de opiniões sem fundamento. Por isso, a curadoria é essencial. Nesta carta, quero te indicar algumas fontes confiáveis que não apenas informam, mas formam. Elas refinam nosso olhar, aguçam o nosso senso crítico e nos ajudam a identificar falácias onde antes víamos apenas discursos bonitos.

Um dos canais mais sérios que conheço hoje é o Eslen Podcast, que traz conversas profundas e desaceleradas sobre os mais diversos temas. Os episódios são longos, sem pressa, com tempo para pensar junto. Eu mesmo participei de alguns episódios. Recomendo, por exemplo, os episódios com o Renato Silva, que falou sobre transtorno bipolar; com a Juliana Fonseca, que abordou ansiedade e depressão; com o Daniel Gontijo, que explorou a psicologia da religião; e com o José Siqueira, que discutiu o sentido da vida. Há ainda debates excelentes sobre vício em pornografia, neurobiologia da depressão, memória, inteligência artificial, autismo e muito mais. O Eslen Podcast atinge um público gigantesco, incluindo pessoas que nunca pisaram numa faculdade. Cada vez que um profissional sério ocupa esse espaço, ele contribui para uma cultura de saúde mental mais científica e menos dogmática.

Outro canal que merece atenção é o Sem Groselha Podcast, comandado pelo Fermento. O nome já diz muito: ali não tem enrolação. O formato é direto, provocador e, às vezes, até desconcertante. É um espaço onde vozes da divulgação científica discutem temas variados, inclusive os mais polêmicos. Vale ouvir o episódio com o Vitor Blazius sobre alcoolismo, o do Lucelmo Lacerda, sobre autismo, e o do Vitor Andrade, sobre pseudociências. Eu também estive por lá algumas vezes.

Também não posso deixar de mencionar o Lutz Podcast, onde você encontra episódios que transitam entre ciência, filosofia, cultura e saúde mental. Assuntos como masculinidade tóxica, medicalização, espiritualidade e redes sociais são tratados com respeito e sem sensacionalismo. Todas as vezes em que participei, foram conversas longas, sem cortes ensaiados, em que pude falar com liberdade. Recomendo especialmente a conversa com o Leonardo Wainer sobre narcisismo, que traz *insights* valiosos para a prática clínica.

Se a sua busca for por uma imersão mais ampla na ciência, recomendo o PBECast, produzido pelo casal Leonardo Costa e Lucíola Costa. O *podcast* aborda temas como políticas públicas, combate às pseudociências e os desafios de comunicar conhecimento de forma acessível e responsável, além de ter episódios dedicados a doenças específicas. Tudo com conteúdo sério, direto ao ponto e gratuito. Entre meus episódios favoritos estão o da Tammy Marchiori, sobre TDAH, e o da Natália Pasternak com o André Bacchi, sobre os fundamentos da ciência. Também gravei um episódio discutindo se a psicanálise pode ser considerada ciência ou pseudociência – um tema espinhoso, mas necessário.

Além desses, outras fontes confiáveis que você pode explorar são o Psi Com Ciência, da Associação Brasileira de Psicologia Baseada em Evidências, o Lendo Mentes, do Leonardo Wainer, o canal do Daniel Gontijo e o *podcast* Saúde Mental em Evidência, que conduzi por um tempo ao lado do João Perini e que, embora hoje esteja inativo, ainda tem episódios relevantes disponíveis nas plataformas.

Bom, é claro que esta lista de recomendações não é exaustiva – nem pretende ser. Dependendo de quando você estiver lendo este livro, novos canais podem ter surgido, enquanto outros talvez já tenham desaparecido. Mas, agora que te ofereci alguns peixes, quero ensinar você a pescar. Como identificar um conteúdo gratuito de valor? Busque sempre avaliar o conteúdo com critérios objetivos e rigorosos: (1) O especialista baseia suas afirmações em evidências científicas sólidas, citando fontes claras e verificáveis? (2) O raciocínio é sustentado por pesquisas sérias e permite ser questionado, ou se escora em consensos vagos, argumentos de autoridade ou apelo à tradição? (3) O profissional reconhece os limites do conhecimento científico, ou finge ter certezas para parecer mais convincente? (4) O discurso evita soluções fáceis, generalizações abusivas e promessas de resultados garantidos? (5) O conteúdo respeita a sua capacidade de pensar criticamente, ou recorre a apelos emocionais para tentar te convencer? Se o conteúdo suportar essas perguntas sem fraquejar, vale a sua atenção.

Querido colega, talvez você esteja se perguntando: vale mesmo investir tempo em tudo isso? Eu te digo que vale – e muito. Porque é aqui que mora uma das maiores virtudes da formação: a capacidade de seguir aprendendo com quem está produzindo conhecimento sério, mesmo fora dos canais formais da academia. É aqui que você se diferencia – não por ter o diploma mais caro, mas por ter a mente mais ativa, mais crítica, mais sedenta por aprender. Portanto, explore. Marque os vídeos que te tocam. Anote as ideias que te desafiam. Volte aos trechos mais importantes. Compartilhe com colegas. Discuta em grupo de estudo. A formação de excelência é feita disso: do que se lê, do que se escuta, do que se discute.

E lembre-se: não é o algoritmo que deve decidir o que você consome – é você quem precisa escolher os conteúdos que vão te tornar um profissional melhor.

Com entusiasmo,

Jan Leonardi

Carta 18

Cursos e mais cursos

Olá! Espero que você esteja bem! Sabe, às vezes me pego pensando em como o mundo mudou desde que me formei. Naquela época, toda formação complementar era presencial. Quem quisesse se aperfeiçoar precisava investir muito dinheiro, reorganizar a vida e, às vezes, viajar longas distâncias para frequentar as aulas. Lembro bem do esforço – e do privilégio – que era conseguir acesso a um bom curso. Tive uma colega na pós-graduação que viajava a cada quinze dias de Fortaleza a São Paulo. Imagine o custo financeiro, o tempo despendido e o desgaste físico apenas para estar presente na sala de aula. Não havia alternativa: ou você se deslocava até o conhecimento, ou ficava sem ele. Esse era o preço do aprendizado.

Hoje, o cenário é diferente. Os melhores cursos, que antes estavam restritos a grandes centros urbanos, agora estão disponíveis em qualquer lugar com acesso à internet. Você pode acessar cursos breves, formações e pós-graduações com alguns cliques. Pode estudar à noite, no fim de semana, no intervalo entre sessões. Pode pausar uma aula para refletir, rever um conceito difícil, fazer anotações detalhadas e avançar no seu próprio ritmo. Não precisa gastar com passagens, hospedagem ou alimentação. Pode ter acesso a professores renomados que, em outra época, jamais dariam aula na sua cidade. É uma democratização do conhecimento sem precedentes. Mas essa facilidade traz, também, sérios problemas...

Comece avaliando a qualidade. Qualquer pessoa com uma câmera e acesso à internet pode se autoproclamar especialista e lançar um curso. E muita gente acaba comprando porque o *marketing* é bom, porque o tema está em alta ou porque o curso vem com certificado. O resultado é uma avalanche de aulas com qualidade duvidosa. Em diversos casos, o conteúdo até está correto, mas a didática dos professores deixa muito a desejar.

Por isso, em meio a tantas opções, você precisa saber escolher. Para isso, quero compartilhar com você algumas dicas para saber se um determinado curso vale seu tempo e investimento. E, depois disso, quero falar sobre como extrair o máximo dessa experiência. Não adianta só escolher bem, é preciso estudar bem.

Primeiro, investigue quem está por trás do curso. Quem é o coordenador? Quem são os professores? Qual é sua formação acadêmica e sua trajetória profissional? Que experiência concreta possuem no tema que se propõem a ensinar? Já publicaram livros ou artigos científicos na área? Um bom indicador de qualidade é verificar se os docentes são reconhecidos não apenas pelo público leigo, mas por seus pares – ou seja, se possuem produção acadêmica relevante e/ou atuação clínica consistente. Ser carismático não é sinônimo de ser bom professor. Número de seguidores no Instagram não é sinônimo de qualidade. Nesse sentido, considere também a reputação da instituição que oferece o curso. Instituições com histórico de seriedade, compromisso com a ciência e transparência tendem a oferecer cursos de melhor qualidade. Isso não significa que iniciativas independentes não possam ser excelentes, mas a credibilidade de uma instituição pode ser um bom indicador.

Segundo, analise o projeto pedagógico. Um curso sólido tem objetivos claros, progressão lógica entre os temas e coerência entre o que promete e o que entrega. O programa é claro e detalhado? A bibliografia inclui fontes atualizadas e baseadas em evidências? O curso oferece material complementar? Tem espaço para dúvidas? Há supervisão, estudo de caso, fóruns de discussão, supervisão, *feedback* sobre o seu aprendizado? E aqui vale um alerta importante: não se deixe enganar pela quantidade de horas. Mais horas não significa, necessariamente, maior aprofundamento. Muitos cursos têm carga horária enorme porque o professor é prolixo, se perde em divagações e entrega pouco conteúdo útil. Falta objetividade, sobra falação. Falta praticidade, sobra enrolação. Um bom curso respeita seu tempo: é focado, direto ao ponto e te prepara de verdade para a prática clínica.

Terceiro, considere a relação custo-benefício. Um curso mais caro pode não ser o melhor, assim como um muito barato pode indicar falta de investimento em estrutura, corpo docente e materiais de apoio. Compare opções considerando não só o preço, mas também a qualidade do conteúdo oferecido, o currículo dos professores, a reputação da instituição e os recursos disponíveis.

Quarto, o curso é honesto sobre suas limitações? Deixa claro o que pode ensinar e o que não? Admite que a formação de um psicólogo clínico é complexa demais para ser esgotada em poucas horas? Explica que algumas habilidades requerem mais estudo, prática e supervisão? Em geral, cursos ruins banalizam o caminho para se tornar um profissional de excelência.

Quinto, busque a opinião de quem já fez o curso. Não se baseie apenas em depoimentos isolados ou avaliações superficiais. Converse com colegas que já cursaram e pergunte: o conteúdo foi útil na prática? Os professores tinham didática e domínio do assunto? As promessas divulgadas foram cumpridas? Houve suporte adequado ao longo da formação? Essas informações podem ser decisivas para que você escolha um curso que seja relevante para a sua carreira.

Depois que você já escolheu uma formação ou pós-graduação, quero te ajudar a fazer valer esse investimento. Como extrair o máximo de um curso *on-line*?

O primeiro passo é estabelecer uma rotina de estudos. A flexibilidade dos cursos *on-line* é uma faca de dois gumes: por um lado, ela permite adaptar os estudos à sua rotina; por outro, pode levar à procrastinação. Por isso, defina dias e horários específicos para se dedicar ao curso, como se fosse um compromisso presencial inegociável. Crie um ambiente adequado, livre de distrações, e trate esse momento com a seriedade que ele merece.

Mas não basta apenas assistir às aulas. Participar ativamente faz toda a diferença. Leia a bibliografia recomendada, faça anotações, formule perguntas e busque conexões com outros conhecimentos que você já domina. Se o curso oferecer fóruns ou grupos de discussão, participe! A aprendizagem é um processo ativo, e quanto mais você se engajar, mais robusto será o conhecimento que você vai construir.

Coloque em prática. O conhecimento que não se traduz em ação tem pouco valor. Busque oportunidades para aplicar o que está aprendendo, seja em exercícios propostos pelo curso, em estudos de caso e na sua prática clínica. Estudar é muito importante, mas é na prática que você vê o que aprendeu de verdade. Aprender não é decorar conteúdo, mas mudar a forma como você pensa e age.

Seja crítico. Mesmo nos melhores cursos, nem tudo será útil. Questione o que está aprendendo, busque as evidências por trás dos conceitos, pense em como aquilo se aplica no seu dia a dia profissional. Com o tempo, você vai desenvolver um faro para identificar o que vale a pena.

Complemente seu aprendizado. Nenhum curso, por mais completo que seja, esgota o conhecimento. Encare o curso como o ponto de partida, e não como a linha de chegada. Busque artigos científicos, livros, outros cursos complementares. Discuta com colegas. Leve dúvidas para supervisão. A formação é um processo contínuo e multifacetado.

Compartilhe o que aprendeu. Ensinar é uma das formas mais eficazes de consolidar o aprendizado. Escreva sobre o tema. Faça uma postagem nas redes sociais. Explique para um colega. Monte um grupo de estudo. Peça para dar uma palestra na universidade onde estudou. Ao organizar o conhecimento para transmiti-lo, você identifica tanto o que domina quanto o que precisa aprimorar.

Dê tempo ao tempo. A aprendizagem não acontece da noite para o dia. É normal não entender tudo de imediato. Quando algo parecer confuso, volte, revise, insista. Aprender de verdade exige paciência e dedicação. No fim das contas, o que importa não é quantos certificados você acumula, mas o quanto consegue transformar seus estudos em competências clínicas, capazes de fazer diferença na vida das pessoas que você atende.

Por fim, lembre-se que, na nossa profissão, aprender é para a vida toda – o que no inglês se chama *lifelong learning*. A gente precisa atualizar o olhar, questionar o que já sabe, ampliar repertórios. Não caia na ilusão de que um diploma é o fim da sua formação. Na verdade, ela não termina nunca.

A internet traz possibilidades incríveis de aprendizado, mas também espalha muito conteúdo superficial, mal fundamentado e mal estruturado. Nunca foi tão fácil estudar – e nunca foi tão fácil se perder em formações rasas, promessas vazias e atalhos que não te levam para lugar nenhum. É preciso escolher com cuidado, estudar com seriedade, colocar o conhecimento em prática, e, acima de tudo, manter a humildade de seguir aprendendo para sempre. Espero que os apontamentos desta carta te ajudem a fazer escolhas mais conscientes para construir uma formação sólida. No final, é isso que separa o psicólogo que acumula certificados daquele que realmente faz diferença na vida das pessoas que atende.

Com carinho,

Jan Leonardi

Seção 4
Carreira

Carta 19

O preço da sessão de terapia

Prezado colega, chegou a hora de falarmos sobre dinheiro. Quando eu ainda estava na graduação, ouvi comentários dos mais variados sobre a profissão de psicólogo clínico, quase sempre negativos ou desencorajadores. Alguns professores diziam que psicoterapia era "coisa de burguês", outros falavam que ninguém conseguiria viver bem com psicologia, e ainda havia aqueles que defendiam que lucrar em uma profissão dedicada ao cuidado era moralmente questionável. Talvez você também tenha escutado coisas assim e percebido como elas acabam criando uma relação conflituosa com o dinheiro, algo que se manifesta quando precisa decidir quanto cobrar pela sua sessão.

Essa dificuldade se intensifica quando consideramos o contexto brasileiro, onde a psicologia ainda enfrenta uma profunda desvalorização como ciência e profissão. Não é raro ouvir comentários como "psicólogo é coisa de rico" ou "terapia não serve para nada". Essas percepções equivocadas refletem um desconhecimento sobre a complexidade das intervenções psicológicas e sobre o papel essencial que a psicoterapia pode desempenhar no cuidado da saúde mental de qualquer pessoa. Além disso, existe um conflito aparente entre dois valores fundamentais: tornar o atendimento psicológico viável para todos que precisam e garantir condições financeiras justas para o profissional. Por um lado, desejamos ampliar o acesso da população aos serviços psicológicos. Por outro, é imprescindível que o exercício da profissão seja economicamente viável no longo prazo.

No Brasil, onde temos pessoas que ganham pouquíssimo e pessoas que ganham muito, é natural que os valores das sessões de terapia também variem. Não há problema em cobrar R$ 300, R$ 500, R$ 700 ou até R$ 1.500 por uma sessão, a depender do seu público-alvo e da qualidade do seu trabalho. O mais importante é que essa decisão seja consciente e alinhada tanto com a sua capacidade quanto com seus princípios e convicções. Existem diversas formas de contribuir socialmente sem subvalorizar seu trabalho. Uma possibilidade é reservar algumas vagas em sua agenda para atendimentos sociais, com valores bem reduzidos ou até gratuitos. Essa abordagem permite manter um preço justo para a maioria dos seus atendimentos e oferecer acesso a pessoas com menos recursos.

Dito isso, quero que você tenha a clareza de que cobrar pelo seu trabalho como psicólogo clínico não é errado, imoral, egoísta ou insensível com o sofrimento alheio – pelo contrário, é justo e necessário. Psicologia não é caridade, é profissão. Você estudou anos, investiu tempo, dinheiro e energia para se tornar um profissional qualificado. Se um encanador, um advogado ou um médico cobram por seus serviços sem culpa, por que o psicólogo deveria ser diferente? Amar o que você faz não significa fazer de graça. Cobrar pelo seu trabalho não te torna menos empático ou menos comprometido com a transformação do outro – pelo contrário, valorizar seu serviço é também valorizar a psicologia como ciência e profissão. Se você não acredita que seu trabalho merece ser remunerado adequadamente, como espera que os outros acreditem?

Além disso, não pergunte para a pessoa que te procura se "esse valor é bom para você?" Você já foi a um médico ou nutricionista e ele perguntou se o valor da consulta era confortável para você? Provavelmente não. Essa postura de colocar o paciente para decidir o preço da sessão ou a abertura para barganha só contribui para a desvalorização da profissão. Se você oferece um serviço de qualidade, o valor deve ser justo – e ponto. A seguir, vou trazer algumas reflexões para te ajudar a decidir o preço da sua sessão de terapia.

Primeiro, lembre-se de que, antes mesmo de atender seu primeiro paciente, você já terá acumulado milhares de horas investidas em formação: graduação, *lives*, *podcasts*, supervisões, grupos de estudo, congressos, leituras. Como já falei em outra carta, o aprendizado nunca para! A atualização é essencial para garantir intervenções cada vez mais eficazes e seguras. Toda essa preparação tem um custo financeiro significativo, e é justo que isso seja considerado na hora de definir o preço da sua sessão.

Também é fundamental recordar que é importante lembrar também que o seu trabalho de terapeuta se estende muito além dos 50 minutos presenciais da sessão. Existe todo um "trabalho invisível" que sustenta a eficácia do processo terapêutico: preparação prévia, revisão de anotações, estudo de literatura específica para cada caso e participação em supervisões. Reduzir o valor da sessão ao tempo que você está com o paciente é ignorar a complexidade e a dedicação envolvidas em oferecer um atendimento qualificado.

Outro ponto que você precisa considerar são os custos operacionais. Seja num consultório físico ou *on-line*, existem despesas como energia, internet, móveis, *softwares*, impostos. Além disso, como profissional liberal, você não tem benefícios trabalhistas como férias remuneradas, FGTS, décimo terceiro salário ou licença médica paga. Por isso, é necessário incluir no valor da sessão uma margem que te permita construir uma reserva e garantir a sua segurança financeira ao longo do tempo.

Há outro aspecto essencial quando for decidir o preço da sua sessão: a experiência clínica acumulada. Em tese, um psicólogo mais experiente tem um repertório clínico mais sofisticado, refletido, por exemplo, na capacidade de perceber nuances sutis do relato do paciente e na formulação de intervenções mais precisas. Por isso, não é razoável equiparar o valor do atendimento de um profissional com larga experiência ao de um recém-formado, que ainda está construindo sua base teórica e prática.

Reajustes anuais são necessários e devem ser comunicados com antecedência, preferencialmente desde o início do processo terapêutico. Isso garante previsibilidade para você e para o paciente, facilitando o diálogo sobre eventuais dificuldades financeiras. Sugiro que você tenha uma política clara de reajustes anuais e comunique aos seus pacientes desde o início. Quando chegar o momento do reajuste, avise com antecedência (talvez um mês antes) e esteja aberto para discutir alternativas caso o novo valor represente uma dificuldade significativa para algum paciente.

Agora, quero te dar uma dica que já dei para vários alunos: ajuste gradualmente o valor da sua sessão conforme sua agenda for se consolidando. Eu fiz isso ao longo de toda a minha carreira como psicólogo clínica. Funciona assim: imagine que você comece cobrando R$ 50 por sessão. No início, terá apenas dois ou três pacientes. Aos poucos, passará a ter quatro, cinco, talvez seis pacientes. Quando atingir um número razoável, pode começar a cobrar R$ 80 dos novos pacientes que forem chegando, enquanto mantém o valor inicial para aqueles primeiro pacientes. À medida que o seu trabalho for sendo mais procurado, você terá cada vez menos horários disponíveis. Então, poderá seguir a mesma lógica, e agora cobrar R$ 120 dos novos pacientes. Assim, de forma progressiva, você vai elevando o valor da sua sessão conforme adquire mais experiência, aprofunda seus estudos e fica mais conhecido. Pode chegar um momento em que você esteja cobrando R$ 500 por sessão e prefira recusar pacientes que não paguem esse valor, usando o tempo livre para se aprimorar ou descansar.

Também é prudente ter em mente a instabilidade financeira que acompanha o trabalho em consultório. No mês de novembro, talvez você esteja atendendo 30 pacientes por semana; em janeiro, esse número pode cair para 10, porque muitos pacientes viajam ou interrompem o tratamento. Para lidar com essas oscilações, eu prefiro pensar em quanto eu ganho por ano, e não por mês. Por isso, recomendo que você construa, assim que possível, uma reserva financeira suficiente para cobrir entre seis e doze meses dos seus gastos essenciais. Se puder, diversifique suas fontes de renda, oferecendo cursos, palestras, supervisões ou outras atividades relacionadas. E, acima de tudo, tenha um planejamento financeiro de longo prazo: ele será um dos pilares que sustentarão a sua tranquilidade para exercer a clínica.

Eu sei que você escolheu essa profissão porque se importa. Porque alguma coisa em você não aguenta ver o outro sofrer e simplesmente virar o rosto. Sim, é gratificante ver as mudanças no funcionamento do paciente ao longo do processo terapêutico, mas isso não significa você aceita a ideia de que ajudar é incompatível com ganhar dinheiro. Essa romantização da psicologia é perigosa. O amor não paga suas contas, não banca supervisão e nem garante que você esteja bem o suficiente para continuar cuidando de alguém.

Colocar um preço justo no que você faz é uma forma de dizer que seu trabalho é sério e, ainda, ajuda a construir uma cultura em que o cuidado emocional não é tratado como um favor, mas como parte essencial da saúde das pessoas. Então, se em algum momento bater a culpa por ganhar dinheiro com o que você faz, respire fundo. Pense no preço da sua sessão como um pilar que sustenta a excelência e o compromisso do seu trabalho.

Com carinho,

Jan Leonardi

Carta 20

Você na internet

Querido colega, entre todos os temas que já abordei até aqui, este talvez seja um dos mais recentes e algo você talvez tenha vontade de ignorar: o seu lugar na internet. Mas, goste você ou não, é nesse território que boa parte da psicologia está sendo construída – ou distorcida. Confesso, desde já, que meu objetivo com esta carta é que você aprenda a se posicionar profissionalmente na internet.

Quando eu me formei, os pacientes chegavam por meio de indicações pessoais. Antigos pacientes satisfeitos recomendavam meu trabalho para amigos e familiares. Eu também recebia muitas indicações de terapeutas mais experientes – muitos deles tinham sido meus professores ou supervisores – que cobravam até cinco vezes mais do que eu. Quando alguém os procurava e não podia pagar o valor que cobravam, eles me indicavam. Com o tempo, começaram a surgir indicações de psiquiatras que tinham ficado satisfeitos com o andamento da terapia que eu estava fazendo com seus pacientes. Participar de cursos e congressos – primeiro como ouvinte, depois como palestrante – também me ajudava a ganhar visibilidade. Depois vieram as primeiras publicações de capítulos de livros, que ajudaram a consolidar uma imagem de competência entre alguns colegas. Naquela época, o bairro onde o consultório ficava fazia muita diferença, inclusive no valor que era possível cobrar por uma sessão. Em resumo, minha reputação profissional foi construída no boca a boca. Antes da internet, era isso que fazia os pacientes chegarem até mim.

A internet mudou a forma como os psicólogos são encontrados, reconhecidos e escolhidos por quem precisa de ajuda. O que antes era um diferencial se tornou uma necessidade, especialmente para quem está começando a construir sua carreira como psicólogo clínico.

Talvez você pense que *marketing* digital não tem nada a ver com a psicologia. Talvez até torça o nariz só de ouvir a palavra "Instagram" ou "algoritmo". Eu te entendo. Eu também não gosto muito disso. O cenário *on-line* parece um campo minado, onde um passo em falso pode ter repercussões graves. Vemos colegas utilizando as redes das mais variadas formas – algumas inspiradoras, outras nem tanto.

Se o seu receio é que a exposição profissional na internet – seja num *site*, em redes sociais ou plataformas – conflite com os princípios éticos da psicologia, fique tranquilo: é perfeitamente possível divulgar seu trabalho com responsabilidade.

A presença digital do psicólogo deve ser uma ponte entre quem precisa de ajuda e quem pode oferecer cuidado qualificado. Para isso, alguns fundamentos éticos são indispensáveis. Antes de qualquer coisa, saiba que tudo o que você publica *on-line* – da biografia do seu perfil aos conteúdos – está sujeito às mesmas normas que regulam a sua prática clínica. Por isso, o Código de Ética, as resoluções e as normas técnicas do Conselho Federal de Psicologia devem guiar cada uma de suas ações na internet. Isso não é apenas para evitar penalidades; é uma demonstração do seu compromisso com a saúde mental de quem consome seu conteúdo e com a valorização da psicologia como profissão.

No momento da redação desta carta, por exemplo, o Conselho Federal de Psicologia estabelece que todo psicólogo deve manter visível, em seus canais digitais, sua identificação profissional completa: nome, título e número de registro. Divulgar atendimentos ou listas de espera antes do registro é considerado exercício ilegal da profissão. Também não é permitido divulgar publicamente o valor das sessões, oferecer descontos ou usar expressões como "preço social" em redes sociais – essas informações devem ser compartilhadas apenas de forma privada. O sigilo permanece absoluto: qualquer dado que possa levar à identificação de um paciente, mesmo que indiretamente, não deve ser publicado. E, ainda que o paciente autorize, o uso de depoimentos é desaconselhado, por representar uma exposição incompatível com a natureza da relação terapêutica.

É preciso ter cuidado com promessas. A psicoterapia é um processo complexo, cujos resultados dependem de múltiplos fatores, incluindo o engajamento do próprio paciente. Portanto, é antiético anunciar curas, resultados garantidos, transformações rápidas ou soluções milagrosas. Publicações sensacionalistas ou que criam expectativas irreais são proibidas. Você pode (e deve) informar sobre os benefícios conhecidos da psicoterapia e as áreas em que atua, mas sempre com sobriedade e respeito à complexidade humana.

Todo conteúdo que você publica precisa ter base teórico-científica. Não é lugar para crenças pessoais, posicionamento político-partidário, religião, esoterismo, espiritualidade e afins que não pertençam ao escopo da psicologia. Divulgar informações baseadas em evidências é uma forma de proteger o público da desinformação e de preservar a imagem da psicologia como ciência e profissão.

Embora mostrar o lado mais pessoal seja importante, é fundamental manter uma distinção clara entre o exercício profissional e as questões da vida pessoal. Suas convicções políticas, religiosas, ideológicas, morais e detalhes íntimos da sua vida não devem ser publicados no seu perfil profissional. Por quê? Porque o foco deve ser a psicologia e o serviço que você oferece. Antes de postar algo de natureza mais pessoal, questione-se: "A título de que estou trazendo isso? Qual é o objetivo? Qual impacto negativo posso gerar?". Na dúvida, mantenha perfis separados: um profissional, focado estritamente na psicologia, e outro pessoal, restrito a amigos e familiares, onde você pode expressar todas as suas facetas. Uma alternativa é utilizar o recurso "Close Friends" no Instagram. Assim, você fica só com uma conta, mas consegue filtrar quem vê o quê, deixando algumas postagens só para o seu círculo mais íntimo.

Agora, um alerta bem importante: não espere ser uma referência da noite para o dia. Ser reconhecido como alguém competente leva tempo. Da mesma forma que ninguém se torna faixa preta em karatê em poucas semanas, tornar-se um psicólogo de excelência é um processo que exige anos de prática clínica, supervisão e formação continuada. Resista, em especial, à tentação de se autoproclamar "referência em" determinado tema. Reconhecimento é algo que precisa vir de fora – dos seus pacientes, dos seus pares, da comunidade. Evite ocupar lugares para os quais ainda não está preparado. Não ofereça cursos, supervisões ou atendimentos especializados se você ainda não tem verdadeiro domínio e experiência no assunto. Ensinar sobre aquilo que você não viveu enfraquece a psicologia como campo profissional e prejudica quem confia no seu conteúdo.

Com esses fundamentos em mente, quero ajudá-lo a pensar agora na construção da sua presença digital em três frentes principais: o seu *site*, as redes sociais e, se for o caso, o uso de anúncios pagos. Vamos começar pelo *site*.

Em uma era dominada pelas redes sociais, ter um *site* próprio é crucial. Embora as redes sociais sejam excelentes ferramentas para alcance e engajamento, elas funcionam como terrenos alugados, sujeitos a regras e algoritmos em constante mudança. Seu *site*, por outro lado, é seu território. É ali que um paciente em potencial pode encontrar informações sobre sua formação, os serviços que você oferece, os temas com os quais trabalha e como entrar em contato com você. Um *site* bem construído transmite profissionalismo, seriedade e credibilidade – fatores essenciais para quem busca cuidado em saúde mental. Também melhora seu posicionamento nos mecanismos de busca. Quando alguém procura "psicólogo para ansiedade" no Google, é o seu *site* que tem o potencial de aparecer nos resultados orgânicos. Se você decidir investir em anúncios, é para as páginas do seu *site* que direcionará as pessoas interessadas em saber mais sobre seu trabalho.

Um *site* profissional deve priorizar simplicidade, clareza e foco na experiência do usuário. Em vez de recursos complexos, o que mais importa é que a navegação seja intuitiva, as informações estejam organizadas e o visual transmita acolhimento e profissionalismo. Isso inclui um *design* limpo, com cores e imagens serenas, e uma estrutura fácil de compreender. Menus como "Início", "Sobre Mim", "Serviços" e "Contato" ajudam o visitante a encontrar rapidamente o que precisa. A página inicial deve apresentar, de forma breve, quem é o psicólogo, com uma foto profissional e *links* diretos para as seções principais. Já a seção "Sobre Mim" é o espaço para contar sua trajetória acadêmica e profissional, sua forma de trabalhar (com prática baseada em evidências, espero eu!), e os aspectos que tornam sua atuação única, sempre com linguagem acessível. Na página "Serviços", descreva os tipos de atendimentos realizados e os públicos atendidos, explicando como funciona cada modalidade, sem anunciar resultados ou divulgar valores. Já a seção "Contato" deve ser direta, com telefone, *e-mail* e um formulário simples para facilitar o agendamento. No fim das contas, um bom *site* é aquele que informa com clareza, aproxima o visitante e transmite o mesmo cuidado que a pessoa encontrará no consultório. Sem exageros, promessas ou apelos – apenas uma comunicação honesta, útil e acolhedora.

Além de ter um *site*, é fundamental estar presente em uma ou mais redes sociais, como Instagram, LinkedIn, TikTok e YouTube. Esses canais permitem que você se conecte com quem ainda não é seu paciente, mas pode vir a ser. São espaços onde você pode disseminar informação de qualidade sobre saúde mental, compartilhar ideias, esclarecer dúvidas, criar vínculo e ampliar sua visibilidade profissional. Pense em *posts* que desmistifiquem a psicoterapia (o que é, como funciona, para quem se destina e mitos comuns). Aborde temas como ansiedade, estresse, depressão, autoestima, luto e relacionamentos, reforçando a importância de buscar ajuda profissional quando necessário. Explique conceitos psicológicos em linguagem acessível. Dê dicas práticas sobre bem-estar, sempre ressaltando que não substituem a terapia individual. Compartilhe reflexões, notícias relevantes e trechos de livros. Mostre os bastidores, como a sua participação em um curso ou congresso. Mantenha consistência e frequência nas postagens, mas priorize a qualidade sobre a quantidade. A interação também deve ser adequada: responda a comentários e mensagens de forma profissional, mas nunca ofereça aconselhamento, diagnóstico ou terapia pelas redes sociais. Se alguém trouxer uma demanda pessoal complexa, oriente gentilmente a buscar atendimento.

Bom, uma vez que você tem um *site* e marca presença nas redes sociais, talvez decida investir em anúncios pagos. Se fizer isso, tenha cuidado. A propaganda do psicólogo precisa ser sóbria, informativa e respeitosa. Nada de frases apelativas como "transforme sua vida em 10 sessões". Os anúncios devem apresentar o seu trabalho de forma clara, convidando as pessoas a conhecer seu *site*, ler um artigo de sua autoria ou agendar uma sessão. O objetivo é facilitar o acesso à informação e ao cuidado – não manipular emocionalmente quem está vulnerável.

Talvez você esteja pensando: "Mas tudo isso dá muito trabalho...". E dá mesmo. Ainda assim, construir uma presença digital vale a pena. É assim que você se torna visível. É assim que se conecta a quem busca ajuda. É assim que contribui para uma cultura de saúde mental mais científica, acessível e responsável.

Se estiver inseguro ou com pouco tempo, comece devagar. Crie um *site* simples. Abra um perfil profissional. Escolha um ou dois temas que você domina e comece a escrever sobre eles. A construção da presença *on-line*, assim como o desenvolvimento da prática clínica, é um processo contínuo. Foque em criar conteúdo de qualidade e em interagir de forma responsável. O crescimento virá com o tempo, a consistência e, sobretudo, com a excelência do trabalho que você realiza dentro e fora da internet.

Por fim, lembre-se que, mais importante do que dominar algoritmos ou acumular seguidores, é construir uma reputação alicerçada em ciência, competência, seriedade e cuidado genuíno com as pessoas. Que a sua presença digital espelhe esses valores e ajude a consolidar a psicologia como uma ciência e uma profissão essencial ao bem-estar humano. Desejo que você tenha sucesso nessa jornada.

Com responsabilidade,

Jan Leonardi

Despedida

Querido colega, se você chegou até aqui, é porque não desistiu. Não desistiu do livro, da psicologia, nem da ideia de que é possível cuidar do sofrimento humano com seriedade, demonstrando respeito profundo pelas pessoas que confiam em você. Você poderia ter parado em qualquer ponto do caminho, mas algo o trouxe até esta última carta. Talvez seja a mesma inquietação que me fez escrevê-las: a certeza de que o que fazemos importa.

Desejo que você nunca se acomode no conforto das próprias intuições ou se agarre a teorias de estimação. Torço para que a curiosidade científica seja sua companheira constante, sempre impulsionando você a questionar, a aprender, e a buscar as melhores evidências disponíveis para ajudar quem sofre. Espero que cultive a humildade clínica, reconheça seus vieses e não confunda escuta com omissão, nem técnica com rigidez.

Se eu pudesse te fazer um pedido, seria este: lembre-se de que o sofrimento humano não é terreno para improviso. O que você faz pode mudar uma vida inteira, para melhor ou para pior, razão pela qual seu trabalho precisa ser guiado pela ciência.

Por isso, dedico este livro a você, que hesita, mas não para; que erra, mas estuda; que sente medo, mas não foge. A você, que enxerga na ciência a ferramenta mais poderosa para transformar vidas; que entende que a psicologia brasileira precisa de uma revolução – e que aceita ser parte dela.

A você, o meu mais profundo respeito,

Jan Leonardi